MIX
Papier aus verantwortungsvollen Quellen
Paper from responsible sources
FSC® C105338

Elena Kaznina

'Sex-sells' als Werbetrend

Eine Untersuchung von Text und Bild in Hinblick auf die erfolgreiche Werbestrategie 'Sex-sells'

Diplomica Verlag GmbH

Kaznina, Elena: 'Sex-sells' als Werbetrend: Eine Untersuchung von Text und Bild in Hinblick auf die erfolgreiche Werbestrategie 'Sex-sells', Hamburg, Diplomica Verlag GmbH 2013

Buch-ISBN: 978-3-8428-8204-1
PDF-eBook-ISBN: 978-3-8428-3204-6
Druck/Herstellung: Diplomica® Verlag GmbH, Hamburg, 2013

Bibliografische Information der Deutschen Nationalbibliothek:
Die Deutsche Nationalbibliothek verzeichnet diese Publikation in der Deutschen Nationalbibliografie; detaillierte bibliografische Daten sind im Internet über http://dnb.d-nb.de abrufbar.

Inhaltsverzeichnis

Einleitung......7

1. Sprache und Gesellschaft. Ein bedingter Zusammenhang zwischen Sprach- und Wertewandel......10

2. Werbung. Werbesprache. Definition und Abgrenzung. Ist die Werbesprache eine Sondersprache?......13

3. Werbung als ein „verführerischer" Kommunikationsprozess......18

3.1 Wie funktioniert Werbung ?......20

3.2 Welche Ziele verfolgt Werbung?......21

3.3 Was versteht man unter einer Zielgruppe?......22

3.4 Wie wirkt Werbung?......23

3.5 Wie geht Werbung strategisch vor?......25

4. Let's talk about Sex(-sells)......29

4.1 Entwicklung der Sex-sells-Strategie......32

4.2 Das Wortfeld „Sex" in der modernen Auffassung......34

5. Verlockende Werbespielchen mit Text in der Werbung......40

5.1 Textsegmente einer Werbeanzeige in Bezug auf Sex-sells......43

5.1.1 Schlagzeile......43

5.1.2 Fließtext......45

5.1.3 Slogan......47

5.1.4 Produkt- und Markenname......49

5.2 Sprachliche „Tricks" zur Gestaltung einer Werbeanzeige......51

5.2.1 Gestaltung der Argumentation......51

5.2.2 Rhetorische Gestaltung......53

5.2.3 Stilistische Gestaltung......57

5.2.3.1 Lexikalische Stilfiguren......59

5.2.3.2 Syntaktische Stilfiguren......60

5.2.3.3 Figuren der Wiederholung......61

5.2.3.4 Kompositorische Stilfiguren......62

5.3 Textuelle Übertragung der sexuellen Inhalte bei der Gestaltung der Werbebotschaft am Beispiel von Werbekampagnen Gib AIDS keine Chance......63

6. Bild in der Werbung. Darstellung von Erotik in den Sex-sells-Printanzeigen....66
6.1 Geschlechtsspezifische Bilder in der Werbung 68
6.1.1 Frauenbilder....70
6.1.2 Männerbilder 72
6.2 Radikale Sex-sells-Kampagnen und ihre Grenzen. Untersuchung Werbekampagnen von Benetton und Diesel....74
7. Text trifft Bild....82
7.1 Text- und Bildrelationen in den Werbeanzeigen....82
7.2 Kommunikativer Zusammenhang zwischen Text und Bild am Beispiel der Werbekampagnen Alice und Dove....86
Fazit 92
Abbildungsverzeichnis....95
Literaturverzeichnis....96

Einleitung

- Werbung, Sprache und Erotik – wie kommt man auf so ein Thema?
- Aus der Betrachtung unseres gesellschaftlichen Systems und der Feststellung diverser Zusammenhänge und Widersprüche.

Sprache ist ein Teil der Gesellschaft, ohne den kein soziales System existieren könnte. Dadurch ergeben sich Wechselwirkungen zwischen der Sprache und der Gesellschaft. Sobald die Gesellschaft äußeren Einflussfaktoren ausgesetzt wird (historische Ereignisse, Trends in Politik, Kultur, Wirtschaft), nimmt die Sprache diese Einflüsse mit auf und berücksichtigt sie wiederum. Besonders deutlich macht sich dieses Phänomen in den Medien und in der Werbung bemerkbar.
Durch die voranschreitende Dynamisierung und Komplexität des modernen Informationsflusses, steigen die Probleme der Werbetreibenden, Aufmerksamkeit für die beworbenen Produkte beim Konsumenten zu erregen. Die Informationsüberlastung durch Werbung beträgt in Deutschland mehr als 95 Prozent. Das heißt, dass höchstens fünf Prozent der angebotenen Werbeinformationen den Empfänger erreichen und akzeptiert werden.[1]
Klassische Werbestrategien verlieren im Laufe der Zeit wegen der gesellschaftlichen Veränderungen ihre Wirkung. Werbeproduzenten sind deshalb darauf angewiesen, ihre Anzeigen so zu gestalten, dass diese wirksam bleiben und wahrgenommen werden. Dies erfordert zwangsläufig das Beschreiten neuer Wege zur Aktivierung von Aufmerksamkeit bei den Rezipienten. Da Werbung - bestehend aus Bild und Text - ein Spiegelbild der Gesellschaft darstellt, nimmt sie sowohl die sprachlichen, als auch die gesellschaftlichen Veränderungen auf und setzt diese in Werbetext und -bild um. Dies zeigt sich besonders bei der Darbietung der aktuellen Werbeanzeigen, indem die Werbeinstrumente in neukreierte Kontexte integriert werden. Also spielt nicht nur die Aktualität der Werbeanzeigen eine bedeutende Rolle, sondern auch das Herstellen einer geschickten Verbindung zwischen den bestehenden Normen und der anlockenden Darbietung bekommt einen höheren Stellenwert in der modernen Werbebranche.
Doch im Laufe der Jahre haben sich bestimmte Werbestrategien zur Erzeugung

1 Vgl.: Kroeber-Riel, Werner/Esch, Franz-Rudolf: Strategie und Technik der Werbung. Verhaltenswissenschaftliche Ansätze, 6. Auflage, Stuttgart 2004, S. 17.

von Aufmerksamkeit beim Rezipienten herausgebildet, unter den Werbung mit erotischen Stimuli einen besonderen Wert besitzt. Durch den Wertewandel der modernen Gesellschaft und ihrer Medien haben sich die Moralvorstellungen über das Thema „Sex“ jedoch derart gewandelt, dass es heute als gewöhnlich und banal betrachtet wird. Deshalb wurde auch diese Strategie modifiziert. Indem das banale Thema „Sex“ in neue Kontexte integriert und mit anderen Strategien kombiniert wird, bekommt es eine wiederkehrende Aufmerksamkeit.
Sex in der Gesellschaft wird nicht plakativ und direkt kommuniziert, sondern unterliegt - trotz aller Banalisierung - immer noch einem gewissen Tabu. Obwohl das Thema Sex seit Jahrhunderten einen tabuisierten Charakter besitzt, war im Laufe der Jahre zu beobachten, dass Sex und Erotik nicht mehr so dogmatisch angesehen werden, da Sex ein natürlicher Bestandteil der menschlichen Existenz ist. Sex-sells als Strategie berücksichtigt diesen Umstand, indem erotische Botschaften immer wieder auftreten, aber in hohem Maße nonverbal (durch Bilder) und indirekt dargeboten werden. Selbst bei kaum auffindbaren Textbotschaften in den Sex-sells-Anzeigen wird der sexuelle Aspekt nur verschleiert oder durch Sprachspiele kommuniziert.
Unter den aktuellen Sex-sells-Werbekampagnen befinden sich einige, die eine beachtliche Aufmerksamkeit erreicht haben, indem sie Sex und Erotik in ungewöhnlichen Aufmachungen darstellten. Zu ihnen gehören Werbekampagnen von Diesel, United Colors of Benetton, Gib AIDS keine Chance usw.
Wie schon erwähnt wurde, unterliegen auch die Textbotschaften in den Sex-sells-Anzeigen den aktuellen gesellschaftlichen Entwicklungen. Das Wortfeld Sex verliert im Laufe der Zeit an seiner negativen Konnotation und gewinnt erweiterte Bedeutungen. Anhand von diversen Beispielen wird in der Arbeit verdeutlicht, dass das Wortfeld Sex in verschiedenen Kontexten Verwendung findet.
Aus diesen Überlegungen heraus ist es das Ziel dieser Arbeit herauszufinden, inwiefern die Gesellschaft und die Sprache als soziale Konstrukte auf Werbung Einfluss nehmen, und dies mit besonderem Fokus auf Sex-sells.
Um das Phänomen „Werbung“ zu erklären, bedarf es Erkenntnisse verschiedener wissenschaftlicher Disziplinen. So sind hier Psychologie und Soziologie, Politik- und Medienwissenschaft mit der Sprachwissenschaft verwoben. Diverse Fachdisziplinen versuchen Werbung und explizit Sex-sells isoliert zu betrachten. Vor

allem Studien zu wirtschaftlichen, soziologischen oder psychologischen Wirkungen sind vorhanden. Um dennoch die gewünschte Werbewirkung zu erzielen, müssen diverse Lösungswege aufgezeigt werden, die auf dem Zusammenspiel mehrerer Wissenschaften beruhen. In dieser sprachwissenschaftlichen Arbeit wird deshalb ebenso von wirtschaftlichen, politischen, medienwissenschaftlichen und psychologischen Aspekten Gebrauch gemacht, sofern die Linguistik Ereignisse der Werbung nicht erklären kann.

So will diese Arbeit als zentrale Untersuchungsobjekte folgenden Fragestellungen nachgehen: Wie gelingt es Sex-sells als Werbestrategie, die Gesellschaft nicht nur zu provozieren, sondern auch zu überzeugen? Und mit welchen Mitteln wird es zu erreichen versucht? Denn zu einem Werbeprozess gehört nicht nur der eigentliche Vertrieb eines Produktes, sondern auch seine Präsentation, die sich in der Werbung im Zusammenspiel von Gestaltungselementen wie Text und Bild entfaltet.

Die vorliegende Untersuchung bezweckt nicht die Aufdeckung jedes einzelnes Problems in Bezug auf Werbung und Sex-sells. Stattdessen sollen Zusammenhänge zwischen Gesellschaft, Werbung und Sex und damit verbundene Tatsachen angeschnitten werden. Somit werden dem Leser diverse Segmente dargeboten, die angefangen beim Skizzieren der Begriffe wie Gesellschaft, Kommunikation und Werbung zum Hauptteil der Untersuchung, Sex-sells, verleiten. Bezüglich der bedeutenden Begriffen sollen in den ersten drei Kapiteln Wechselwirkungen und wichtigste Merkmale zwischen Gesellschaft, Sprache und Werbung aufgedeckt werden. Ferner liegt der zentrale Fokus der Untersuchung auf dem Thema Sex und dessen Präsentation in der Werbung durch Bilder und Wortspiele. Hier werden die theoretischen Vor- und Nachteile der verbalen und nonverbalen Kommunikation dargestellt; die Bild- und Textrelationen in der Werbung und insbesondere in Sex-sells sollen ebenso angeschnitten werden. Anhand der vorgestellten Beispielen werden die praktischen Umsetzungen von Sex in der Werbung aufgezeigt, womit bewiesen werden soll, dass die Themen Sex und Erotik in verschiedene Kontexte integriert werden können und nicht nur die gesellschaftlichen Vorstellungen widerspiegeln, sondern auch neue Leitbilder auf Grund der Umstrukturierung der gesellschaftlichen Wertenormen modifiziert werden.

1. Sprache und Gesellschaft. Ein bedingter Zusammenhang zwischen Sprach- und Wertewandel

Die Soziolinguistik ist eine Teilwissenschaft der Sprachwissenschaft. Der Gegenstand soziolinguistischer Untersuchungen ist die soziale Bedeutung sprachlicher Systeme und der Variationen des Sprachgebrauchs in der Gesellschaft. „In der Soziolinguistik werden sprachliche Gegebenheiten beschrieben, die auf gesellschaftliche zurückzuführen sind.“[2] Soziolinguistisch wird die Sprache als Objekt untersucht und dabei jener Aspekt in Betracht gezogen, wie die Gesellschaft die Sprache beeinflusst oder wie sprachliche Äußerungen wiederum menschliches Verhalten beeinträchtigen.

Um diesen Umstand näher erläutern zu können, müssen zunächst die Begriffe Kommunikation und Gesellschaft voneinander abgegrenzt werden.

Menschen befinden sich untereinander mittels Sprache im *soziolingualen Handeln.*[3] Soziales Handeln basiert auf dem Austausch von Informationen und ist somit auch als *kommunikatives Handeln* oder Kommunikation zu bezeichnen. „Kommunizieren heißt in soziale Beziehungen einzutreten.“[4] Unter Kommunikation wird ein Austausch von Informationen oder Nachrichten verstanden, der den menschlichen Wissensbestand, die „Summe von Informationen, die der Mensch gespeichert hat und verwenden kann,“[5] durch neue Informationen ergänzt und erweitert.

Da Handlungspartner zugleich Kommunikationspartner sind, vollziehen sie durch Sprache eine *sprachliche Interaktion,*[6] deren Ziel Bahrdt folgendermaßen definiert: „Ziel ist die Herstellung gemeinsames Wissens, das zum mindesten bei einem Kommunikationspartner anders sein soll, als es vorher war.“[7] Die Kommunikation besteht aus den direkten (verbalen) und indirekten (nonverbalen) Kommunikationsmitteln. Zu den verbalen Mitteln gehören sprachliche Zeichen und deren Semantik. Die nonverbalen Mitteln umfassen Gesten, Mimik, Körperhaltung und gehören zu den wichtigen Signalen (Codes) der Kommunikation.

2 Veith, Werner H.: Soziolinguistik. Ein Arbeitsbuch. 2. Auflage, Tübingen, 2005, S. 1
3 Ebd., S. 2
4 Ebd., S. 6
5 Ebd., S. 8
6 Ebd., S. 8, oder Hauswaldt-Windmüller, Brigitte: Sprachliches Handeln in der Konsumwerbung, Weinheim/Basel 1977, S. 39.
7 Veith, Soziolinguistik, S. 9.

Da die nonverbalen Elemente in der Regel bekannt sind, vereinfachen sie die gesamte Kommunikation, indem sie im Unbewussten der Menschen Emotionen und assoziative Bilder hervorrufen und somit verstanden werden.

Gumperz strukturiert die Gesellschaft anhand von vier Unterscheidungsmerkmalen:

- Das wesentliche Unterscheidungsmerkmal besteht in der Zuordnung der gesellschaftlichen Rollen und der damit verbundenen Handlungsformen. Die sozialen und sprachlichen Normen werden insbesondere in der frühen Erziehungsphase eines Kindes erworben: So werden ihm geschlechtsspezifische Verhaltens- und Sprachmuster beigebracht, die später das soziale Engagement eines Individuums beeinflussen.
- Das zweite Merkmal bezieht sich auf die Art der Verbindung und der Mobilität dieser Rollen in der Gesellschaft.
- Das dritte Unterscheidungsmerkmal umfasst Verhaltensunterschiede der Individuen in der Gesellschaft gegenüber den anderen sozialen Gruppen.
- Das vierte Unterscheidungsmerkmal reduziert sich auf die Gesamtheit einer Sprachstruktur in der Gesellschaft sowie ihre Abweichungen gegenüber den anderen sozialen Gruppen.[8]

Zusammenfassend lässt sich festhalten, dass innerhalb von verschiedenen sozialen Gruppen ein Unterschied im Spracherwerb, im Sprachverhalten und in der Sprachverwendung besteht.[9]

Die Gesellschaft als Ganzes benutzt eine Gesamtsprache, das Gegenwartsdeutsch: „Die Standardsprache ist die Bezeichnung der sprachlichen Norm des Deutschen. Sie ist bestimmt von der Gesamtheit der im Duden festgehaltenen amtlichen Regelungen zur deutschen Rechtschreibung sowie der deutschen Grammatik."[10] Abhängig von der sozialen Zugehörigkeit eines Individuums, seinem sozialen Engagement oder bestimmten sozialen Verhaltenssituationen unterscheidet sich sein Sprachgebrauch oder seine Rollensprache von den Gebrauchsmustern anderer Individuen. Diese Sprachunterschiede werden als Sprachvarietäten bezeichnet. „Mit dem Begriff *sprachliche Varietät* bezeichnet man Variationen ein- und derselben Sprache, die sich historisch aus der gegenseitigen Beeinflussung von

8 Weber, Ursula: Sprache und Gesellschaft. Zusammenfassung einer Vorlesung, http://www.prof-uweber.de/8_sprache_und_gesellschaft.pdf, S. 7-11.

9 Ebd., S. 38.

10 Janich, Nina: Werbesprache. Ein Arbeitsbuch, 2. Auflage, Tübingen 2001, S. 36.

Sprache und Sozialstruktur einer bestimmten Sprachgemeinschaft entwickeln".[11] Die sprachlichen Varietäten jeder Sprache sind Umgangssprache, Gruppensprache, Sondersprache, Funktiolekt, Jargon oder Alltagssprache, die sich sowohl in ihrer Lexik, aber auch in ihrer Grammatik von der standardsprachlich definierten Norm unterscheiden. In all diesen verschiedenen Sprachvarietäten hat man es, wie Glück und Sauer erklären, „mit besonderen Wortschätzen, Stilelementen und manchmal spezifischen Verwendungsweisen bestimmter grammatischer und Wortbildungsmittel zu tun".[12] Die Sprache kennt keinen festen Zustand. „So lange sie aber lebt und benutzt wird, steht sie in einem soziokulturellen Zusammenhang, dessen Entwicklungen und Ereignisse in ihr und an ihr Spuren hinterlassen, sie prägen und verändern."[13] In den einzelnen Varietäten der Sprache lassen sich ebenso Veränderungen und Entwicklungen beobachten. Da die Sprachvariationen jedoch in ausgeprägten wechselseitigen Einflussverhältnissen zueinander stehen, können diese die Begriffe untereinander austauschen. Einen bedeutenden Einfluss verspürt die deutsche Sprache ganz besonders aus dem meinungsführenden anglo-amerikanischen Raum. Als dessen Folge werden nicht nur die Spracheinheiten übernommen, sondern auch diverse Verhaltensmuster.[14]

Demzufolge verlieren manche deutsche Begriffe an Wert, gelten als veraltete Formen oder werden mit einer erweiterten Bedeutung verwendet. Ferner finden neue Begriffe, Fachwörter, Anglizismen und Neologismen Eingang in die Standardsprache, so dass es schwer festzustellen ist, ob Sprache die Gesellschaft bedingt oder umgekehrt. Jedenfalls befinden sich Sprache und Gesellschaft im ständigen, raschen und sich gegenseitig beeinflussenden Wandel. Gleichermaßen verhält sich auch die Werbesprache: Ihr Dasein und ihre Wandlungen bestimmen das Leben unserer Gesellschaft, die sie wiederum aus der Gesellschaft schöpft.

---

11 Weber, Sprache und Gesellschaft, S. 13.

12 Glück, Helmut/Sauer, Wolfgang: Gegenwartsdeutsch, Stuttgart 1997, S. 21.

13 Baumgart, Manuela: Die Sprache der Anzeigenwerbung. Eine linguistische Analyse der Anzeigenwerbung, Heidelberg 1992, S. 1.

14 Vgl.: Arens, Daniela: Funktion und Gestalt von Werbung, phil. Diss. Rheinisch-Westfälische Technische Hochschule Aachen, Books on Demand, Norderstedt 2001,S. 81.

2. Werbung. Werbesprache. Definition und Abgrenzung. Ist die Werbesprache eine Sondersprache?

Die meisten Untersuchungen, darunter auch sehr kritische Befunde zum Thema Werbung, stammen aus den 60er bis 80er Jahren, „ein Zeitraum, in dem ein starkes Interesse an Konsumwerbung bestand. Das Wirtschaftswunder hatte die Wirtschaftswerbung geschaffen, - und die Rezipienten sahen sich dadurch einem neuen Einfluss ausgesetzt, der ihr Denken und Handeln lenken wollte.“[15]
Weiter heißt es: „[...] Die Zeit blieb nicht stehen, sondern brachte auf diesem Gebiet Veränderungen mit sich. Allmählich waren die „Gefahren“ der Werbung [...] jedermann bekannt, so dass das kritische Interesse nachließ, die Werbung mehr und mehr akzeptiert wurde und heute wie selbstverständlich zur Medienlandschaft gehört.“[16] Die heutige Werbung ist eine andere als vor 20 Jahren.[17] „Die Inhalte von Werbeaussagen haben sich verändert, die Werte verschoben.“[18] Somit ist Werbung aus unserem täglichen Leben nicht mehr wegzudenken und ein fester Bestandteil unseres Gesellschaftssystems.
Der Terminus W*erbung* hat seinen Ursprung im althochdeutschen Verb *hwerban* und bedeutet *sich drehen*, *sich umtun* oder *sich bemühen*. Seit dem 19.Jahrhundert wird dieses Verb im Sinne von *sich um Kunden bemühen* gebraucht.[19] Aus dieser Bedeutung heraus entwickelte sich Werbung hin zu einer moderneren Auslegung: „Der Begriff Werbung wird erst seit Mitte der 30er Jahre verwendet. Vorher war die Bezeichnung *Reklame* üblich.“[20] Im Laufe der Jahre bekam „Reklame“ einen abwertenden Charakter und wurde als Synonym für „schlechte Werbung“ benutzt. Werbung ist seit Jahren ein Untersuchungsaspekt verschiedener Disziplinen. Somit lassen sich in der wissenschaftlichen Literatur völlig unterschiedliche Definitionen für diesen Begriff finden. Doch meistens wird darunter Wirtschaftswerbung verstanden, deren Ziel es ist, den Absatz zu steigern.[21] Kroeber-Riel und Werner definieren Werbung als „versuchte Einstellungs- und Ver-

15 Baumgart, Die Sprache der Anzeigenwerbung, S. 18.
16 Ebd., S. 19.
17 Ebd., S. 5.
18 Ebd., S. 5
19 Vgl. ebd., S. 28.
20 Behrens 1996. Nach: Fährmann, Rosemarie: Die historische Entwicklung der Werbesprache. Eine empirische Untersuchung von Text- und Bildwerbung im Zeitraum vom Ende des 19. Jahrhunderts bis zum Ende des 20. Jahrhunderts, Frankfurt am Main 2006, S. 19.

haltensbeeinflussung mittels besonderer Kommunikationsmittel,"[22] die in jedem Gesellschaftssystem angewandt wird und daher als „legitime Sozialtechnik"[23] bezeichnet werden kann.

Sowinski versteht unter Wirtschaftswerbung eine „geplante öffentliche Kommunikation zum Zwecke einer ökonomisch wirksamen Information, Persuasion und Entscheidungssteuerung."[24]

Der sprachwissenschaftlicher Perspektive und den Schwerpunkten dieser Untersuchung entspricht die folgende komplexe Begriffsdefinition von Silbermann: „Werbung ist der Versuch eines Unternehmens/Vereins/einer Institution/Behörde/politischen Partei o.dgl. (Werbungtreibender/Sender), durch Einsatz auffällig gestalteter Werbemittel (z.B. Anzeigen, Werbefilme, Hörfunkspots), die sprachlich und visuell merkintensiv codierte Werbebotschaften (Messages) enthalten, über zwischengeschaltete Medien (z.B. Zeitung, Zeitschrift, Fernsehen, Radio/Werbeträger) mit einer Gruppe von Personen (Zielgruppe), deren Mitglieder (Umworbene/Rezipienten) in der Regel nicht persönlich, sondern nur in Form soziodemografischer und/oder verhaltensbezogener Daten bekannt sind, kommunikativ in Kontakt zu treten. Solchermaßen zustande kommende Werbekontakte dienen dem Zweck, bei den Umworbenen für ein Waren- oder Dienstleistungsangebot/Vorhaben/Programm/eine Veranstaltung o.dgl. (Beworbenes) Aufmerksamkeit zu erzielen und Interesse zu wecken, individuelle Wünsche nach näherer Kenntnis, Besitz, Partizipation, Zugehörigkeit o.ä. zu stimulieren und im Idealfall eine bewusste Auseinandersetzung sowie ggf. eine Kontaktaufnahme mit dem Werbungtreibenden und/oder dem Beworbenen zu erwirken."[25]

Die oben genannten Definitionen weisen somit einige gemeinsame Merkmale auf. Es handelt sich bei Werbung zum einen um einen Kommunikationsprozess, der

21 Vgl. Hastenteufel, Regina: Das Bild von Mann und Frau in der Werbung. Eine Inhaltsanalyse zur Geschlechtsspezifität der Menschendarstellung in der Anzeigenwerbung ausgewählter Zeitschriften unter besonderer Berücksichtigung des alten Menschen, phil. Diss. Rheinische Friedrich-Wilhelms-Universität Bonn 1980, S. 77.

22 Kroeber-Riel, Werner/Weinberg, Peter: Konsumentenverhalten, 8., aktualisierte und ergänzte Auflage, München 2003, S. 605.

23 Ebd., S. 607.

24 Sowinski 1979. Nach: Behrens, Gerold: Werbung. Entscheidung – Erklärung – Gestaltung, München 1996, S. 41.

25 Silbermann, Alphons: Handwörterbuch der Massenkommunikation und Medienforschung. Nach: Zielke, Achim: Beispiellos ist beispielhaft oder: Überlegungen zur Analyse und zur Kreation des kommunikativen Codes von Werbebotschaften in Zeitungs- und Zeitschriftenanzeigen, Herbolzheim, 1991, S. 31.

zum zweiten mit verschiedenen Mitteln auf die Veränderung des Konsumentenverhaltens gerichtet ist.[26]

Rippel beschreibt die Funktionalität und Ablaufprozesse der zeitgenössischen Werbung: „Moderne Wirtschaftswerbung arbeitet auf Grundlage von Überzeugungsargumenten, die an vielerlei Faktoren appellieren, die den Verbraucher beeinflussen und rational oder emotional geartet sein können. Die letzte Entscheidung jedoch liegt schließlich beim Verbraucher, demgegenüber das beworbene Produkt die versprochenen, durch die Werbung ausgelobten Qualitäten einlösen muss, wobei Rationalität oder Emotion hinter das subjektive Befriedigungserlebnis treten müssen."[27]

Werbung bedient sich also den „auffällig gestalteten Werbemitteln" und setzt diese in den „codierten Botschaften" um. Daraus folgernd ist festzuhalten, dass Werbebotschaften durch bestimmte Codes gestaltet werden können, die in verbalen (Text) und nonverbalen (Bild) Werbemitteln verborgen sind.

Aus dem Aspekt der Gestaltung einer Werbeanzeige unterscheidet man zwischen emotionaler und informativer Werbung.[28]

Unter der informativen Werbung verstehen Kroeber-Riel und Weinberg „eine Werbestrategie, die sich im Wesentlichen darauf beschränkt, dem Empfänger sachliche Informationen zu vermitteln. Das sind beispielsweise Informationen über den Preis, über Design, Firmengröße, Angebotsbedingungen usw."[29] Im kommerziellen Bereich wird informative Werbung häufig für erklärungsbedürftige und neue Produkte benutzt. Die informative Werbung bietet meistens verbale Informationen an."[30]

„In der emotionalen Werbung dominiert dagegen die Darbietung emotionaler Reize wie Bilder einer Traumlandschaft oder politische Reizwörter. Die emotionale Werbebotschaft kann sich direkt auf das Produkt [...] beziehen. Oder sie wird lediglich in einem räumlichen oder zeitlichen Zusammenhang mit dem Produkt dargeboten."[31] Die emotionale Werbung löst emotionale Prozesse aus, und die hervorgerufenen emotionalen Eindrücke werden direkt mit Produktei-

---

26 Zielke, Beispiellos ist beispielhaft, S. 28
27 Rippel, Kurt: Grundlagen der Werbung. Nach: Zielke, Beispiellos ist beispielhaft, S. 29.
28 Kroeber-Riel/Weinberg, Konsumentenverhalten, S. 613.
29 Ebd., S. 616 f.
30 Ebd., S. 621.
31 Ebd., S. 617 f.

genschaften assoziiert.[32]

Werbung, in der Elemente sowohl der informativen als auch der emotionalen Werbung vorhanden sind, bezeichnet man als gemischte Werbung oder Werbe-Mix.[33] Diese Art von Werbung wird am häufigsten angewendet.

Die Sprachwissenschaft setzt sich seit längerem mit Fragen auseinander, inwiefern sich Werbung und ihre Sprache von anderen Textsorten unterscheidet und was sie so eigenartig macht. Um die weitere Frage zu beantworten, ob Werbung der Gegenwartssprache angehört oder eine selbständige Sprachsorte darstellt, ist es zunächst notwendig, den Begriff der Sondersprache zu deuten.

Unter einer Sondersprache versteht Römer eine Sprache, die

„a) von einem beschränkten Personenkreis gesprochen wird,

b) einen besonderen Wortschatz hat,

c) zum Zwecke einer esoterischen Kommunikation gesprochen wird,

d) ein besonderes Ausdrucksbedürfnis erfüllt."[34]

Wenn Werbesprache eine Sondersprache wäre, würde sie von einem beschränkten Personenkreis oder einer Interessentengruppe benutzt. In der Tat wird die Werbesprache von einer bestimmten Personengruppe kreiert.[35] Diese Sprache wird aber in Form einer textuellen Botschaft verfasst und mittels diverser Werbekanäle übertragen. Hinzu kommt, dass sich die Werbesprache an die gesamte Gesellschaft wendet und in der Regel von jedem einzelnen Empfänger verstanden wird (Ausnahmen sind Neologismen, Fachwörter, Anglizismen o.ä.). Somit fällt das Kriterium der Werbesprache als Sondersprache unter diesem Aspekt weg. Das wichtigste Kriterium von Sondersprachen ist deren besonderer Wortschatz. Dies unterscheidet die Werbesprache von der Standardsprache. Um neue Waren anzubieten und für schon auf dem Markt befindliche Waren immer neue, Aufmerksamkeit erregende Hinweise, Darstellungen und Schlagwörter zu finden, ist ein Werbetexter gezwungen, sich immer neue Ausdrücke sowie neue Methoden der Wort- und Satzbildung auszudenken.[36] Außerdem werden in der Werbesprache bestimmte Sprachregeln benutzt oder umgekehrt gegen diese verstoßen. Trotzdem werden hier allgemein bekannte Lexika der Gemeinsprache benutzt, die

32 Ebd., S. 625 f.
33 Ebd., S. 620.
34 Römer, Ruth: Die Sprache der Anzeigenwerbung, 6. Auflage, Düsseldorf 1968, S. 202.
35 Ebd., S. 203.
36 Ebd., S. 212.

jeder versteht. Darüber hinaus gehört die Werbesprache mit all ihren Neubildungen und ihren rhetorischen Mitteln der Gemeinsprache an[37] und kann nicht als eine Sondersprache abgegrenzt werden.
Die meisten Sondersprachen dienen u.a der isolierten Kommunikation einer Personengruppe über ihre Lebensformen, ihre Ideen und ihr gemeinsames Interessengebiet. Da Werbesprache sich an einer oder mehreren Zielgruppen orientiert, könnte man dieser Aussage von Römer zustimmen. Allerdings ist Werbung nicht an eine bestimmte Personengruppe gerichtet, sondern sie versucht, wie schon erwähnt wurde, jedes Individuum der Gesellschaft anzusprechen. „Die Sprache der Werbung hat wie Sondersprachen ein besonderes Ausdrucksbedürfnis [...] Besondere Gedankeninhalte, besondere Bedürfnisse, besondere Zwecke prägen besondere sprachliche Formen und Mittel. In diesem Sinne ist die Werbesprache eine Sondersprache, denn ihr außerordentlich großes Ausdrucksbedürfnis veranlasst sie zu vielen eigentümlichen Ausdrucksformen.“[38] Dennoch werden diese Formen aus der Umgangssprache, Fachsprache usw. entnommen und bilden somit neue Formen der Werbesprache, jedoch in keinem Fall eine neue Textsorte.
Die Fragestellung, ob Werbesprache einer Sondersprache gehöre, kann also verneint werden. Die Werbesprache verfolgt zwar das Ziel bestimmte Zielgruppen mit einem spezifischen Wortschatz und einer eigenen Stilistik anzusprechen, diese werden aber aus der Standardsprache wie aus verschiedenen Sprachvarietäten geschöpft.
Somit kommt Baumgart zu dem Schluss, dass die Werbesprache „lediglich eine instrumentalisierte, zweckgerichtete und ausschließlich auf Anwendung konzipierte Sonderform der sprachlichen Verwendung darstellt, die naturgemäß eigenen Gesetzmäßigkeiten unterliegt, aber dennoch aufs engste mit der Alltagssprache verwoben ist.“[39]

37 Ebd., S. 204.
38 Ebd., S.204.
39 Baumgart, Die Sprache der Anzeigenwerbung, S. 34.

3. Werbung als ein „verführerischer" Kommunikationsprozess

„Werbung ist eine Form von Kommunikation: [...] von Mensch zu Mensch, von Händler zu Kunde. [...]."[40]

Laut dem zwischenmenschlichen Kommunikationsmodell besteht eine Kommunikationskette aus folgenden Fragmenten: einem Sender, einer Botschaft, die durch einen Sprachkanal übertragen wird, und einem Empfänger. In Bezug auf die Werbekommunikation wird unter einem Sender ein Produkthersteller verstanden, der das Produkt auf den Markt herausbringt, und eine Werbeinstitution, die für dieses Produkt wirbt. Die so genannten Übertragungskanäle der Werbung sind Werbeträger oder Medien wie Zeitungen, Zeitschriften, Fernsehen, Radio, Internet usw. Die übermittelnde Botschaft ist die Werbebotschaft selbst, die aus textuellen und visuellen Gestaltungselementen besteht. Der Empfänger einer Werbebotschaft ist der potenzielle Käufer, der Konsument, der zu einer bestimmten Zielgruppe gehört und dessen Interesse an dem Produkt geweckt werden soll.[41]

„Die Kommunikationspolitik beschäftigt sich mit der bewussten Gestaltung aller auf den Marktteilnehmer gerichteten Informationen, die das Verhalten aktueller und potenzieller Kunden beeinflussen sollen."[42] Dieser Aspekt der bewussten Werbegestaltung durch Text und Bild beschäftigt seit Jahren die Sprachwissenschaft.

Werbekommunikation basiert wie jeder Kommunikationsakt auf der Übertragung einer Information, einer Idee, und zwar durch verbale und nonverbale Kanäle. Die nonverbalen Mittel können den Sinn einer verbalen Nachricht in einem bestimmten Kontext gravierend verändern, so dass der Empfänger die Botschaft unterschiedlich definieren kann. Je komplexer die Idee verpackt ist, desto schwieriger ist es, ihren Sinn zu entziffern. Die Information oder die Idee einer Printanzeige wird durch die Werbebotschaft präsentiert, die ebenso visuell und/oder verbal kodiert und dann dargeboten werden kann. Visuelle Werbemittel (in den Printanzeigen sind es Bilder) sind die Repräsentanten der kodierten Informationen, wie die verbalen Werbebotschaften (im Fall einer Printanzeige sind

40 Vieser, Susanne: Slogans, Spots & Strategien: Die erfolgreichsten Werbeagenturen und ihre Kampagnen. In: Arens, Funktion und Gestalt von Werbung, S. 44.

41 Mayer, Hans: Werbewirkung und Kaufverhalten unter ökonomischen und psychologischen Aspekten, Stuttgart 1990, S. 15 f.

42 Krieg, Ulrike: Wortbildungsstrategien in der Werbung. Zur Funktion und Struktur von Wortneubildungen in Printanzeigen, Hamburg 2005, S. 3.

es Texte). Da viele Wörter einen assoziativen Gehalt besitzen, rufen sie bestimmte Assoziationen in Bezug auf Emotionen und Sachinhalte hervor. Dies betrifft auch die Bilder: Darstellungen von emotionalen Situationen rufen im Unbewussten bekannte Gefühle hervor, und somit kann der Konsument dem Produkt bestimmte Assoziationen zuordnen.[43] Je komplexer die Werbebotschaft ist, desto größer die Gefahr, dass sie von dem Konsumenten missverstanden wird. Der Unterschied der werblichen Kommunikation zu der gewohnten zwischenmenschlichen besteht darin, dass die erste zunächst einseitig verläuft. Erst nachdem die Botschaft den Konsumenten zum Kauf eines Produktes animiert hat, kann sie als eine *zweiseitige* und somit gelungene *Kommunikation* bezeichnet werden. Denn in diesem Fall hat Werbung ihr Ziel erreicht, nämlich die Reaktion des Konsumenten und die Absatzsteigerung. Als Kommunikationsprozess gilt Werbung als ein Spiegelbild der Gesellschaft. Nickel behauptet, dass Werbung sogar gezwungen ist, Entwicklungen in der Gesellschaft nachzuvollziehen, wenn sie akzeptiert werden will.[44] „Werbung funktioniert genau dann, wenn die Wirklichkeit der Konsumenten mit der Wirklichkeit der Werbenden korrespondiert."[45]

Die potenziellen Konsumenten begegnen der Werbung tagtäglich in vielen verschiedenen Erscheinungsformen, die gesellschaftliche Normen und Werte wie Anerkennung, Prestige, äußere Attraktivität, Sexualität oder Lebensfreude bewusst in den Mittelpunkt stellen, um den Konsum zu fördern. „Die Wünsche, Hoffnungen, Ideale oder gar Sehnsüchte einer Generation werden von der nachfolgenden oft nicht mehr geteilt. Mit der allgemeinen Veränderung, die eine Gesellschaft im Laufe von einigen Jahren erfährt, geht auch ein Wandel der sogenannten „Werte" einher."[46] Die diversen Generationen wiederum werden dazu verleitet, diese Werthandlungen entweder anzunehmen oder abzulehnen.[47] Daher soll Werbung immer bestrebt sein, aktuell und interessant zu bleiben. „Sie muss sich wandeln, wenn sich die Gesellschaft wandelt, der Mensch soll die Möglichkeit haben, sich selbst

43 Zu verbalem und visuellem Code siehe Heiz, André: Wie argumentiert Werbung, München 1978, S. 83, und Schulz von Thun, Friedemann: Miteinander reden. Störungen und Klärungen. Allgemeine Psychologie der Kommunikation. Band 1, Hamburg 2007, S. 23-35.
44 Vgl. Nickel, Volker: Nackte Tatsachen. Das Frauenbild in der Werbung, ZAW, Bonn 1993, S. 14 f.
45 Cölfen, Hermann: Werbeweltbilder im Wandel. Eine linguistische Untersuchung deutscher Werbeanzeigen im Zeitvergleich (1960-1990), Frankfurt am Main 1999, S. 13.
46 Ebd., S. 12.
47 Vgl. Baszczyk, Evelin: Werbung. Frau. Erotik, Marburg 2003, S. 22.

in der Werbung zu begegnen."[48] Hastenteufel stellt zum Zweck einer Werbebotschaft fest: „Im Mittelpunkt der Werbeaussage steht nicht das Produkt, sondern die (soziale) Situation [...]."[49]

Zusammenfassend lässt sich sagen, dass Werbung „eine große Bedeutung nicht nur für Konsumenten, sondern auch für die Volks- und Betriebswirtschaft, u.a. Investitions-, Wettbewerbs- und die Arbeitspolitik, aber auch für die Medien hat."[50] Da Werbung in vielerlei Hinsicht zur Entwicklung der modernen Gesellschaft beiträgt, kann sie als soziales Phänomen und als Kommunikationsprozess bezeichnet werden.

3.1 Wie funktioniert Werbung ?

Um Werbung als komplexe Kommunikationsstrategie zu verstehen, ist es u.a. von Bedeutung herauszufinden, welche Funktionen sie erfüllt. Franke[51] unterscheidet zwischen den ökonomischen und psychologischen Funktionen der Werbung. Die *ökonomische* Funktion umfasst die Arbeitgeberfunktion der Werbewirtschaft und zum anderen den Güteraustausch und bildet daher keinen Untersuchungsgegenstand für die Sprachwissenschaft. Die *psychologische* Funktion dagegen umfasst vier Gesichtspunkte, die als Informations-, Motivations-, Sozialisations- und Verstärkungsfunktion kategorisiert werden können.

Aus der Informationsperspektive hat Werbung die Aufgabe, auf neue Produkte aufmerksam zu machen. Durch die Information über Eigenschaften und Vorteile gegenüber anderen Produkten, sowie über Beschaffungsmöglichkeiten und Preise wird eine bessere *Markttransparenz* erreicht. Die Motivationsfunktion bezieht sich auf die Ausrichtung der Konsumentenbedürfnisse. Die Sozialisationsfunktion beinhaltet die Veränderung des Konsumverhaltens in der Gesellschaft. Die Aufgaben der Verstärkungsfunktion liegen zum einen in der Unterstreichung der Kaufentscheidung mit Hilfe von diversen Werbemitteln wie Text und Bild.

Doch ist es ebenso wichtig, Auswirkungen und Vorteile der Werbung aus der

48 Ebd., S. 192.
49 Hastenteufel, Bild von Mann und Frau in der Werbung, S. 84.
50 Baszczyk, Werbung. Frau. Erotik, S. 16 f.
51 Vgl. Franke, Michael: Erotik in der Werbung. Grundlagen und Praxis, Saarbrücken 2006, S. 36-38.

Sicht eines Rezipienten zu betrachten. Kroeber-Riel und Weinberg[52] unterscheiden hier zwischen vier Funktionen der Werbung:

- Zeitvertrieb und Unterhaltung,
- emotionale Konsumerlebnisse,
- Informationen für Konsumentenentscheidungen,
- Normen und Modelle für das Konsumentenverhalten.

Es ist allgemein bekannt, dass Werbung dem Konsumenten oft zum Zeitvertreib und der Unterhaltung dient. Diese Funktion besteht zwar offensichtlich, wird aber in der Regel vergessen und nicht akzeptiert. So vermittelt Werbung dem Konsumenten emotionale Erlebnisse. Dies gilt vor allem für Werbung mit einem hohen Anteil an Bildern. Abbildungen von erotischen Personen oder schönen Landschaften sind Beispiele für emotional anregende Motive, die zur Kaufentscheidung verleiten sollen. Eine weitere Funktion der Werbung stellt die Bereicherung des Konsumenten mit nützlichen Informationen dar. So unterrichtet Werbung über das aktuelle Angebot sowie über konkurrierende Produkte und Dienstleistungen. Außerdem vermittelt sie Normen und Verhaltensmodelle der Gesellschaft: Werbung stellt dem Konsumenten fertige Verhaltensmodelle zur Verfügung, an die sich der Konsument in Kaufsituationen erinnern und halten kann. „Werbung stellt nicht nur ein bestimmtes Produkt vor, sie koppelt Konsum mit Problemlösung, körperlichem (Gesundheit, Sauberkeit) und seelischem (Optimismus, Lebensfreude) Wohlbefinden, mit Erfolg, Prestige, Wohlstand, Liebe[...]. Werbung verheißt: Alles ist käuflich – konsumiere und Du wirst glücklich.“[53]

3.2 Welche Ziele verfolgt Werbung?

Um eine Werbekampagne starten zu können, sollten zunächst die Werbeziele beachtet werden. Franke unterscheidet zwischen den ökonomischen und psychologischen Zielen:

1. *Die ökonomischen Ziele* richten sich auf Werbegewinn, Werbeumsatz oder realisierte Marktanteile.

2. *Die psychologischen Ziele* beziehen sich auf den kognitiven Prozess, der dem Kaufakt vorausgeht. Hier kann es um die Erhöhung der Bekanntheit einer Marke

52 Vgl. Kroeber-Riel/Weinberg, Konsumentenverhalten, S. 608-611.

53 Hastenteufel, Bild von Mann und Frau in der Werbung, S. 85.

(und ihres Produktnamens) gehen, das Betonen individueller Produkteigenschaften, die Steigerung einer Kaufabsicht, sowie eine positive Beeinflussung des Konsumentenverhaltens.[54] Für die Werbewirkung sind die psychologischen Aspekte der Werbung wichtig. Sie dienen zur Aktivierung von emotionalen Reaktionen, zur Informationsaufnahme sowie zur Verarbeitung, Speicherung und Akzeptanz der Werbebotschaft. Beim Werbeerfolg geht es um die ökonomische Seite (Absatz, Umsatz, Kostenreduktion, Gewinn).[55]

3. Schweiger und Schrattenecker erweitern die Liste und fügen *die kommunikativen Werbeziele* hinzu. Darunter werden die Wahrnehmung der Empfänger verstanden sowie die Mittel zur Erregung der Aufmerksamkeit, das Allgemeinwissen über das beworbene Produkt und die Erinnerung an Marken nach der gesendeten Werbebotschaft.[56]

3.3 Was versteht man unter einer Zielgruppe?

Die richtige Definition der Zielgruppe ist
„der Schlüssel zum Werbeerfolg."[57]

Jeder Planungsprozess einer Werbekampagne sollte mit einer Werbeanalyse und gesammelten Marktforschungsdaten über die Zielgruppe beginnen, „deren Meinungen und deren Verhalten zu beeinflussen sind. Sie ist daher zentraler Bezugspunkt der Botschaftsgestaltung und Mediaselektion. Sie sollte anhand soziodemografischer und psychografischer Verhaltensmerkmale beschrieben werden, um eine werbliche Ansprache zu finden, die „ankommt". Die Wirkung der geplanten Botschaftsgestaltung und Medienauswahl ist unter dem Blickwinkel der Werbezielerreichung abzuschätzen."[58]

Bei der Auswahl einer Zielgruppe sind zunächst folgende soziodemografischen Merkmale wie z.B. Alter, Beruf, Einkommen, Bildung, Familienzustand, Wohnsituation u.ä. zu beachten. Demnach sollen die Kaufmotive, Informations-

54 Franke, Erotik in der Werbung, S. 39.
55 Ebd., S. 42.
56 Schweiger, Günter/Schrattenecker, Gertraud: Werbung. Eine Einführung, Stuttgart 2005, S. 56.
57 Pietzcker, Dominik: Werbung texten. Von der Idee zum Konzept zur medienwirksamen Botschaft, Berlin 2005, S. 16.
58 Schweiger/Schrattenecker, Werbung, S. 160.

interessen und Wünsche der Zielgruppe berücksichtigt werden.[59]
Wird die Zielgruppe falsch definiert, geht die Werbebotschaft an den richtigen Empfängern vorbei. Stattdessen wurde ein erfolgloser, aufwändiger und kostspieliger Kommunikationsprozess betrieben. Deshalb sollte jedes Detail in der Werbung durchdacht sein. Deshalb sollen die Werbetreibenden die Vorlieben und Gewohnheiten der Zielgruppe berücksichtigen und deren Sprache sprechen. Außerdem ist es sehr wichtig, „up to date“ über die aktuellen politischen, kulturellen und wirtschaftlichen Ereignisse und Entwicklungen des Landes zu sein, um sie entsprechend berücksichtigen zu können. Pietzcker nennt diese Tatsache eine „frontale Auseinandersetzung mit dem Hier und Jetzt“.[60]
„Erfolgreiche Werbung orientiert sich vielmehr an den primären Kaufmotiven der Zielgruppe, hinterfragt, was der Kunde wirklich will und stellt das eigene Produkt in der Werbung als beste Lösung für diese Bedürfnisse dar.“[61] Und umgekehrt: Je mehr Wissen die Mitglieder der Zielgruppe bereits über ein Produkt gesammelt haben, desto leichter können sie neue Informationen verarbeiten und dem bekannten Produktwissen zuordnen.[62]

3.4 Wie wirkt Werbung?

„Werbung, die nicht auffällt, wirkt nicht.“[63]

Werbewirkung ist ein bedeutender Faktor in der Werbebranche, weil damit der Erfolg einer Werbekampagne verbunden ist. Werbewirkung ist ein Teil der Werbepsychologie, die das Konsumentenverhalten untersucht. Die Forschungsgebiete beziehen sich auf die Aktivierung des Konsumenten und die Beeinflussung seines Kaufverhaltens. Kroeber-Riel und Weinberg unterscheiden zwischen den inneren und äußeren Reizen, die die Werbewirkung erhöhen sollen. Reize können auch als Stimuli[64] bezeichnet werden. Um die Wirkung der Kommunikation zu erhöhen, kann man ein Individuum gezielt durch äußere Reize (z.B. durch emotionale

59 Monzel, Monika: 99 Tipps für erfolgreiche Werbung, Berlin 2006, S. 14.
60 Pietzcker, Werbung texten, S. 17.
61 Monzel, 99 Tipps, S. 18.
62 Franke, Erotik in der Werbung, S. 59.
63 Monzel, 99 Tipps, S. 49.
64 Kroeber-Riel/Weinberg, Konsumentenverhalten, S. 322.

Appelle) aktivieren und dadurch den Beeinflussungserfolg steigern.[65] Reize können gezielt eingesetzt und nach ihren Wirkungen differenziert werden:

- emotionale Reizwirkungen,
- kognitive Reizwirkungen,
- physische Reizwirkungen.[66]

Emotional wirkende Reize stellen die klassische Werbemethode dar, um die Aufmerksamkeit des Publikums zu gewinnen. Eine besonders zuverlässige Auswirkung sollen diejenigen Schlüsselreize erreichen, die biologisch vorprogrammierte Reaktionen auslösen und die Empfänger unabhängig von soziodemografischen Merkmalen weitgehend automatisch erregen.[67] Bekannte emotional wirkende Reize sind Kinderschemata, erotische Bilder und Bilder mit Appellen an Humor und Angst. Die emotionalen Stimuli lösen bei Rezipienten innere Erregung aus, die von ihm nicht bewusst kontrolliert werden können. Andererseits besteht bei erotischen Reizen die Gefahr, dass sie von der Werbebotschaft ablenken können.[68]

Bei den physikalischen Reizen geht es um die Größe, Farbe und zusätzliche Gestaltungseffekte der Werbemittel,[69] die für die vorliegende Arbeit aber nur wenig Untersuchungsstoff bieten. Eine andere Art von Aktivierung entsteht durch gedankliche Konflikte sowie durch Widersprüche und Überraschungen. Dazu eignen sich Verfremdungen und die so genannten *Irritationen*. Der Rezipient denkt über die Darstellung nach und sucht nach einer Lösung.[70] Irritationen können aber auch eine negative Wirkung entfalten, weil darunter ein Gefühl der Verunsicherung und der Störung verstanden wird, das vor allem dann entsteht, wenn intensive Reize als aufdringlich empfunden werden oder emotionale Reize dümmlich, peinlich oder geschmacklos wirken.[71]

Ein weiterer Faktor, der die Aufmerksamkeit der Rezipienten erhöhen kann, ist die *Wiederholung* der Werbebotschaft. Je öfter eine Werbung dargeboten wird, desto eher wird die Werbung von der Zielgruppe wahrgenommen und erinnert.[72]

---

65 Vgl. ebd., S. 71.
66 Ebd., S. 71.
67 Ebd., S. 71.
68 Ebd., S. 72.
69 Vgl. ebd., S. 70-77.
70 Monzel, 99 Tipps, S. 49 f.
71 Kroeber-Riel/Weinberg, Konsumentenverhalten, S. 77.
72 Monzel, 99 Tipps, S. 50.

Sicher ist, dass Werbung wirkt. Um die Wirkung der Werbung zu erklären, wurden eine Reihe von Werbe- oder Kommunikationswirkungsmodellen entwickelt.

Das älteste und populärste Werbewirkungsmodell ist die *AIDA*-Regel, die 1898 von Lewis bekannt gemacht worden ist. Sie schildert eine Abfolge der Wahrnehmung von Attention (Aufmerksamkeit), Interest (Interesse für die beworbene Marke), Desire (Besitzwunsch) und Action (Kaufhandlung). Zunächst soll der Empfänger auf die Anzeige und damit auf das Produkt aufmerksam gemacht werden. Nachdem durch die überzeugenden Argumente das Interesse des Rezipienten geweckt wurde, entwickelt sich bei ihm der Wunsch, das Produkt zu besitzen. Das Werbeziel kann als erreicht bezeichnet werden, wenn der Rezipient als Kunde gewonnen werden konnte und das Produkt erworben wurde.[73]

Seit Beginn des 20.Jahrhunderts wurden weitere zahlreiche Werbewirkungsmodelle entwickelt, was als Folge eines stark entwickelten Interesses an Werbewirkung und -marketing angesehen werden kann.

3.5 Wie geht Werbung strategisch vor?

Werbung soll den Konsumenten über auf dem Markt vorhandene Produkte informieren und diese verkaufen. Shmerl behauptet, dass Werbung nicht nur Produkte und Informationen mittels Emotionen und Gefühlen verkauft, sondern auch Emotionen und Gefühle selbst. „Denn wenn man etwas nicht braucht, oder man zwischen 5 bis 10 praktisch gleichwertigen Artikeln wählen muss, dann führen nicht mehr rationale und informative Argumente zum Kauf, sondern das gezielte Ansprechen von Gefühlen, das Fabrizieren von Wunschträumen. Z.B. der Art, dass man sich mit der Ware nicht nur einen Gebrauchsgegenstand, sondern ein Luxusgut, ein bestimmtes Image, Überlegenheit, Prestige, Lebensstil, Schönheit, Glück etc. erwirbt. [...] Werbung verkauft Bilder vom idealen Leben, sie verkauft Vorstellungen von gut, richtig und erstrebenswert, kurz, sie verkauft Wertvorstellungen."[74]

Da der wirtschaftliche Konkurrenzkampf rauher wird, wird es schwieriger, den

73 Fährmann, Die historische Entwicklung der Werbesprache, S. 23 f.

74 Schmerl, Christiane: Frauenfeindliche Werbung. Sexismus als heimlicher Lehrplan, Berlin 1980, S. 5.

modernen Konsumenten für ein Produkt zu gewinnen. Dies spiegelt sich in der Schaffung neuer Wege zur Begeisterung der Rezipienten wider.

Franke zählt zu den bekanntesten Motiven der Gestaltung emotional-aufgeladener Werbeanzeigen Personendarstellungen sowie Appelle an Furcht, Humor und Erotik.[75] Solche Appelle erfüllen die Funktion eines Blickfangs[76] und sollen die Wahrnehmung der Anzeige erhöhen.

Um einen höheren Effektivitätsgrad zu erreichen, werden die Werbestrategien häufig in einer Anzeige miteinander kombiniert. So begegnet man unter den Sex-sells-Anzeigen Darstellungen, in denen erotische Motive an Emotionen wie Freude oder Angst gekoppelt werden, Darstellungen, die gesellschaftliche Trends und deren Probleme visualisieren. „Folglich muss die Werbung, um den Informationsüberschuss zu überleben, auch dann wirksam werden, wenn sie nur flüchtig und bruchstückhaft wahrgenommen wird, weshalb besondere Maßnahmen in Bezug auf die Gestaltung der Werbemittel und -botschaften notwendig sind."[77] Auf den Mix der Werbestrategien wird im weiteren Verlauf der Arbeit noch ausführlicher eingegangen.

1. *Personenabbildungen* (Abb. 1) gehören zu den bewährten Sozialtechniken der Werbung.[78] Sie verfügen über eine *Vorbild- und Leitbildfunktion* und sollen einen Identifikationseffekt beim Rezipienten erzeugen.[79] „Attraktive Personen können zur intendierten Überzeugungswirkung beitragen, indem sie die Aufmerksamkeit der Rezipienten für die Anzeige gewinnen."[80] Sowohl weibliche als auch männliche Modelle werden in der Regel

Abb.1: Personenabbildungen in der Werbung, Armani code, InStyle, Januar, 2008

75 Franke, Erotik in der Werbung, S. 74.
76 Vgl. Arens, Funktion und Gestalt der Werbung, S. 57.
77 Krieg, Wortbildungsstrategien, S. 6.
78 Kroeber-Riel, Werner: Strategie und Technik der Werbung. Verhaltenswissenschaftliche Ansätze. Stuttgart, 1993, S. 10.
79 Franke, Erotik in der Werbung, S. 74.
80 Wehner, Christa: Überzeugungsstrategien in der Werbung. Eine Längsschnittanalyse von Zeitschriftenanzeigen des 20.Jahrhunderts, Opladen 1996, S. 42.

als Blickfang eingesetzt und sollen den Konsumenten mit ihrem Ausdruck ansprechen. Eines der oft gebrauchten Motive in der Werbung, insbesondere bei Sex-sells, ist das Bild einer Frau. In der letzten Zeit tauchen allerdings vermehrt Darstellungen von Männern und sogar Senioren auf. Außerdem wird in der klassischen Werbung gerne Gebrauch von Kinderdarstellungen gemacht.

2. *Darstellungen mit Appellen an Furcht und Angst* werden in der Werbung ebenso zum Erlangen einer effektiven Aktivierung des Rezipienten eingesetzt. Schmerz und Angst lassen sich schnell mit eigenen Erlebnissen in Verbindung bringen und nachempfinden. Allerdings sollte hier bedacht werden, dass diese Strategie häufig als „Schockwerbung" angesehen wird und negative Reaktionen hervorrufen kann. Ein Beispiel für Werbung mit Angst-Appellen zeigt sich in der zehn Jahre währenden Arbeit des Werbefotografen Oliviero Toscani für das Bekleidungskonzern United Colors of Benetton, die sowohl viel Kritik, als auch viel Anerkennung geerntet hat. Einige Beispiele werden im Laufe der Arbeit noch vorgestellt.

3. *Humor* in der Werbung wird oft mit Witz, Wortspiel, Ironie, Übertreibung oder Überraschung assoziiert.[81] Humorvolle Botschaften erregen Aufmerksamkeit und erhöhen die Überzeugungswirkung einer Nachricht. Außerdem sollen Werbebotschaften mit Humor für eine gute Stimmung sorgen,[82] zu einer größeren Glaubwürdigkeit der Quelle führen und die Beliebtheit der Quelle steigern.[83] (Abb.2)

Abb. 2: Sex-sells mit humoristischen Note

81 Vgl. Franke, Erotik in der Werbung, S. 74.
82 Vgl. Wehner, Überzeugungsstrategien in der Werbung, S. 43.
83 Moser, Klaus: Werbepsychologie: eine Einführung, München 1990, S. 186.

4. *Erotik* in der Werbung ist seit Jahrzehnten als Blickfang bekannt. Ein rasanter Anstieg bei der Werbung mit erotischen Reizen vollzog sich in den 70er Jahren des 20.Jahrhunderts. Da Sex-sells der zentrale Aspekt dieser Untersuchung ist, wird auf das Phänomen der erotischen Stimuli im nächsten Kapitel ausführlich eingegangen.

Abb.3: Sex-sells als plakative Kunst. Tänzerinnen des „CrazyHorse" in Paris präsentieren 2006 Palmers Strumpf-Kollektion

Zu den emotional geladenen Darstellungen in der Werbung gehören laut Wehner auch Bilder mit Tieren.[84] Der oft zitierte Werber Michael Schirner wurde u.a. durch seine Behauptung und sein gleichnamiges Buch „Werbung ist Kunst" bekannt.[85] Diverse Anzeigen sollen einem Gemälde ähneln und einen plakativen Charakter aufweisen. Der Kultstatus der Anzeige wird zu erreichen versucht[86] (Abb. 3). Jedoch verdienen nur wenige Sex-sells-Anzeigen diese Würdigung.

84 Vgl. Wehner, Überzeugungsstrategien in der Werbung, S. 43.

85 Rentrop, Jörg, freiberuflicher Werbetexter, Konzeptioner, Berater: Online-Interview durch die Verfasserin vom 18.06.2008, Anhang.

86 Palmers-Anzeige wurde 2007 als Silber-Preisträger „EPAMEDIA IMPACTISSIMO 2007" in der Kategorie Plakat-Werbung ausgezeichnet. Download unter: http://www.epamedia.at/websites/web_9_5/pics/02_palmers.jpg [6.10.2008].

4. Let's talk about Sex(-sells)

„Sexappeal muss sein, damit uns diese harte, graue, mitleiderweckende, mitleidlose Welt überhaupt noch gefällt."[87]

Dass die Werbekonzepte und -dokumente in einem Wechselverhältnis zu gesellschaftlichen Normen, Werten und Vorstellungen stehen und dadurch auch die Gestalt und die Sprache der Werbung bestimmen,[88] wurde bereits erwähnt. Hier stellt sich jedoch die Frage, inwiefern Sex und Erotik unseren Alltag und somit die Werbung beeinflussen und welche Auswirkungen dies auf die Gesellschaft ausübt.

Sex-sells, eine vollständig aus dem Englischen übernommene Redewendung, umschreibt die Tatsache, dass sich ein Produkt besser verkauft, wenn es in einem Kontext dargestellt wird, der sexuelle Inhalte präsentiert. Im weiteren Sinne gehört Sex-sells zum *Gender Marketing*, dessen Ziel es ist, die unterschiedlichen Bedürfnisse von Männern und Frauen in Entwicklung, Vertrieb und Kommunikation von Produkten einzubeziehen.

Der sexuelle Instinkt ist der stärkste biologische Stimulus und im Prinzip nichts anderes als ein Grundbedürfnis der Menschen. Die Themen Sex und Erotik wurden in den letzten Jahrzehnten zu entscheidenden Elementen für die gesellschaftliche Kultur, und, obwohl sie immer noch als Tabu angesehen werden, berühren sie viele Bereiche des alltäglichen Lebens. Besonders in den Medien, in der Kultur, Kunst, Mode, Literatur und sogar in der Sprache wird von Sex und Erotik Gebrauch gemacht. Werbung stellt einen Teil dieser Alltagskultur dar, weswegen es nicht verwunderlich ist, wenn sich erotische Elemente auch hier wiederfinden.

Die klassischen Sex-sells-Anzeigen bilden in der Regel attraktive Modelle mit „großen Brüsten und vollen Lippen"[89] ab. Sie sind figurbetont bekleidet, haben einen leicht erotischen, verführerischen Blick und wirken immer frisch und lebensfroh. Der Vorteil der Sex-sells-Strategie wird heute darin gesehen, dass sie

87 Michligk, Paul: Geheimnisse der Werbesprache, Essen 1967, S. 86.

88 Vgl. Cölfen, Werbeweltbilder, S. 11.

89 Freutel, Aziza: Die Modebranche ist rassistisch. Interview mit Oliviero Toscani: In: Textilwirtschaft, 40/2008, S. 33.

auf Erwachsene unabhängig von Alter, Geschlecht und anderen soziodemografischen Merkmalen wirken soll.[90] Darüber hinaus kann mit Sex-sells eine breite Zielgruppe, Männer und Frauen zwischen 15 und 60[91], als potenzielle Interessenten erreicht werden.

Viele Kampagnen, die mit nackten Tatsachen arbeiten, haben einen schnellen Aufmerksamkeitserfolg. Sie werden gesehen, weil sie primäre Schlüsselreize auslösen.[92] Eigler bezeichnet Werbung mit Erotik als *phantasiestimulierende Werbung*.[93] Die männlichen aber auch die weiblichen Rezipienten betrachten gerne die dargebotenen Schönheitsideale, vergleichen sich, streben nach ihnen und beziehen daraus neue Ideen und Vorstellungen. Klassisch sexistische Werbung, bei der „mit (nahezu) unbekleideten oder für den männlichen Blick drapierten Frauen, die verführerisch aus dem Bild lächeln, offen ihre Reize präsentieren und zudem keinerlei Bezug zum beworbenen Produkt aufweisen," existiert dabei immer noch.

Doch oft ist sexistische Werbung mittlerweile raffinierter, erzählerischer, ästhetischer und weniger aufdringlich geworden.[94] Die Anzeigensujets wurden komplexer, und nicht nur Frauen, sondern auch Männer oder Paare werden als Blickfang eingesetzt, und dies nicht mehr nur in passiver, sondern nun oft aktiv in handelnder Weise. Zudem werden, dem Zeitgeist entsprechend, sexuelle Phantasien und Neigungen angedeutet (wie S/M, Homo- und Heterosexualität). Neben den direkten erotischen Motiven gehören zu Sex-sells auch jene Anzeigen, in denen eine Anspielung auf Sex vorhanden ist. Hier wirken Sexappeal und Erotik durch Wortspiele oder symbolische Darstellungen wie ein Rätsel, dessen Lösung den Rezipienten beschäftigen soll.

---

90 Vgl. Brosius, Hans-Bernd/Fahr, Andreas: Werbewirkung im Fernsehen. Wirkungen von Erotik, München 1996, S. 41-59.

91 Vgl. Interview der Verfasserin mit dem freiberuflichen Werbefachmann Juri Monastirsky am 3.08.2008, Anhang.

92 Vgl. Eigler, Frank: Sex allein verkauft kein Bier. In: Horizont, Nr. 2, 2000, S. 77.

93 Ebd., S. 77.

94 Vgl. Marschik, Matthias/Dorer, Johanna: Sexismus (in) der Werbung: Geschlecht, Reklame und Konsum. In: Medienimpulse 12/2002, S. 40.

Abb.4: Collage, Beispiele Sex-sells

Ob Erotik immer vorteilhafte Auswirkungen hat, ist allerdings umstritten.[95] Werbung, die mit Sexualität arbeitet, überschreitet zuweilen dogmatische Grenzen, da „Sexualität [...] oft als Tabu angesehen [wird]."[96] Dies sorgt für diesbezügliche Beschwerden und moralische Diskurse. Außerdem sollte in der Werbung mit erotischen Stimuli auf jene möglichen Risiken geachtet werden, dass das Gehirn eines Rezipienten mit dem Bild beschäftigt ist und deswegen zur Bearbeitung der kompletten Botschaft nicht bereit ist. Die Anzeigen, die die Aufmerksamkeit vollständig auf sich ziehen und vom eigentlich Beworbenen ablenken, werden als *Vampireffekt*-gestaltete Anzeigen bezeichnet.[97]

95 Vgl. Moser, Klaus: Sex-Appeal in der Werbung, Göttingen 1997, S. 16.
96 Köhnlein, Stephan: Linguistische Ansätze zur Beschreibung und Erklärung des Phänomens „Sexuelles Sprachtabu". In: Hoberg, Rudolf (Hrsg.): Sprache – Erotik – Sexualität, Berlin 2001, S. 83.
97 Vgl. Franke, Erotik in der Werbung, S. 128.

Ein weiteres Problem bei den Sex-sells-Anzeigen besteht darin, dass die jeweiligen Zielgruppen bei einer offensichtlichen Darstellung der erotischen Reize unterschiedlich reagieren. Bei manchen entstehen negative Assoziationen, etwa dass Sex unseriös und uninteressant wirke. „Man soll bedenken, dass Kinder, Jugendliche und streng Religiöse von diesen Anzeigen betroffen werden. Bei solchen Zielgruppen kann eine verkaufsfördernde Wirkung angezweifelt werden." Und weiter: „Erotische Darstellungen müssen also augenscheinlich produktschlüssig sein, um die Wahrnehmung und Werbewirkung nicht zu behindern. So machen erotische Reize bei edlen Damendessous sicherlich Sinn, bei Anzeigen für Gartenwerkzeuge in der Regel wenig."[98]
Trotz der gesellschaftlichen Kritik an Sex-sells „scheint [die Strategie] ein zeitloses Klischee für „erfolgreiche" Werbung zu sein."[99]

4.1 Entwicklung der Sex-sells-Strategie

„Die amouröse oder erotische Note hat es immer schon gegeben, nur war sie begrenzt und wurde mit Feingefühl dezent gelebt."[100]

„Die Erkenntnis der Freudschen Lehre, dass viele Erwachsene unbewusst die angenehme Befriedigung suchen, die sie als Säugling an der Mutterbrust und als kleine Kinder empfunden haben, eröffnete den kommerziellen Tiefenpsychologen neue Perspektiven."[101]
Die Sexualtheorie von Freud wurde zu einer Legende und wird nicht nur von Psychologen anerkannt, sondern findet ihre Verwendung auch in der allgemeinen Psychologie und in allen damit verbundenen Wissenschaften, insbesondere in der Kommunikationspsychologie.
Als 1973 das Sexualstrafrecht gelockert wurde, setzte eine zunehmende Liberalisierung im sexuellen Bereich ein, die zu heftigen Auseinandersetzungen über Sex in der Werbung führte.[102] Erotik und Sex werden seither in der Werbung

98 Schierl, Thomas: Text und Bild in der Werbung. Bedingungen, Wirkungen und Anwendungen bei Anzeigen und Plakaten, Köln 2002, S. 109 f.
99 NRW-Forum Kultur Düsseldorf: Katalog Radical Advertising, S. 190.
100 Michligk, Geheimnisse der Werbesprache, S. 89.
101 Packard, Vance: Die geheimen Verführer. Der Griff nach dem Unbewussten in jedermann, Frankfurt am Main/Berlin/Wien 1957, S. 74.
102 Vgl.: Nickel, Nackte Tatsachen, S. 13.

regelmäßig eingesetzt. Bei der Analyse von Werbeanzeigen in fünf verschiedenen Zeitschriften fand Schlotthauer 1979 heraus, dass in der Konsumgüterwerbung die Erotik mit 30 Prozent die dominierende Gefühlskategorie dar. Besonders häufig war Erotik in Zusammenhang mit Körperpflegemitteln und Bekleidung festzustellen.[103] Als Folge ist die Thematik „Geschlecht in der Werbung“ in verschiedenen wissenschaftlichen Studien diskutiert worden. Im Mittelpunkt der Untersuchungen diverser Disziplinen standen Analysen von Frauen- und Männersprache sowie Studien zu geschlechterspezifischen bildlichen Darstellungen. Sprach- und Kommunikationswissenschaftler befassten sich in erster Linie mit den Gestaltungselementen der Sex-sells-Strategie sowie mit den Erinnerungseffekten von sexuellen Stimuli in der Werbung.[104] Die meisten der aktuellen Untersuchungen von Werbung mit Sexappeal beziehen sich jedoch auf Anzeigen- und/oder Plakatwerbung. Damit stellte sich heraus, dass visueller Sexappeal in den Medien das wichtigste Thema ist. Die verbale Komponente der sexistischen Werbung existiert aber auch; wegen der mangelnden Textanteile in Werbungen mit Sex gibt es jedoch nur wenige Forschungsergebnisse zu diesem Bereich.[105]

Abb.5: Titelseite, Der Spiegel, Nr. 18, 29.04.06, Die Wiederentdeckung Sigmund Freuds

In letzter Zeit wird Sex-sells als ein fester Bestandteil der modernen Werbung angesehen. Es steht fest, dass diese Methode den Vertrieb von Produkten verbessern soll, die nicht unbedingt einen direkten Bezug zu Sexappeal haben. So werben neben Schmuck-, Parfüm- und Unterwäscheherstellern auch seriöse Computer- und Automobilunternehmen mit dieser „verführerischen“ Erkenntnis.

103 Vgl. Franke, Erotik in der Werbung, S. 96 f.
104 Vgl. Brosius/Fahr, Werbewirkung im Fernsehen, S. 41-59.
105 Vgl. Moser, Sex-Appeal, S. 19.

4.2 Das Wortfeld „Sex“ in der modernen Auffassung

„Erotik bedeutet Anziehungskraft und bewirkt
einen Austausch unglaublicher Energie“.
„Sex ist Kopf und Körper, verbunden mit Lust und Spaß“.[106]

Dass Sex schon immer ein Teil des gesellschaftlichen Lebens war und als Tabuwort angesehen wurde, können viele von uns nur vermuten. Doch darüber, inwiefern sich die Gesellschaft gelockert hat und in welchen Kontexten das Wort Sex und sein Wortfeld verwendet werden, wird weniger nachgedacht. Im Gegensatz zu Begriffen der Vulgärsprache, die im öffentlichem Gebrauch als Tabu verstanden werden und die Grenze der gesellschaftlichen Duldung überschreiten, existieren heutzutage Wörter, die mit einer gewissen Freizügigkeit gebraucht werden. Darüber hinaus ist das Interesse am Thema der Form und Funktion der Sprache im Bereich der Sexualität in den letzten Jahren gestiegen. Die vorliegenden Studien befassen sich mit dem sexuellen Wortschatz in Bezug auf Medien, Geschlechterdifferenzierung und seinen situativen Gebrauch. Die meisten Untersuchungen stammen jedoch aus den Bereichen der Psychologie, der Soziologie und der Sexualpädagogik. Die Sprachwissenschaft gehört dagegen zu einer der wenigen Disziplinen, die wegen der angeblichen „Unseriösität“ der Thematik die Behandlung von Sex und Erotik meidet. Doch ist dies nur pauschal erklärbar, da sich unter den sprachwissenschaftlichen Beiträgen vergleichbare linguistische Arbeiten zur Sprache im öffentlichen Gebrauch (Verwaltungs-, Gerichts-, Politiksprache), zur Jugendsprache, zu diversen Dialekten und Jargons, zur Sprache in den Medien (Internet, Zeitschriften) usw. finden. Nur das Verhältnis der Sprachwissenschaft zum Sex scheint eine ungewöhnliche Angelegenheit zu sein. In der vorliegenden linguistischen Untersuchung soll daher der Versuch unternommen werden, diese Lücke auf sprachwissenschaftliche Weise für den Bereich der Werbung zu schließen.

In der Arbeit „Sexualsprache der Deutschen“ setzt sich Kluge mit den Sexuallexika auseinander und stellt fest: „Neben den zahlreichen Gruppensprachen – wie beispielsweise Jugend-, Seemanns-, Soldaten-, Gauner-, Zuhälter-, Dir-

106 Schiffer, Claudia: Vogue, 6/2008.

nensprache – gibt es auch die Sexualsprache, die sich gruppenübergreifend durch ihren eigenen Wortschatz ausweist, dessen Sexualwörter einzelnen Sprachebenen (Sprachformen oder Sprachschichten) verhältnismäßig leicht zugeordnet werden können."[107]

Das Wissen über Sexualität wird einem Individuum früh beigebracht. Sobald ein Kind realisiert, zu welchem Geschlecht es gehört, findet hier eine Sexualaufklärung auf primitivstem Niveau statt. Jedes Individuum besitzt also Vorkenntnisse über Sex und damit auch Erotik. Dabei werden in der Gesellschaft verschiedene Konzepte von Wissen, Normen oder Werte über Sexualität vermittelt. Diese werden im Evolutionsprozess modifiziert: einige Aspekte fallen aus, andere werden neu erzeugt und hinzugefügt. So entwickelt jedes Individuum sein eigenes Sexualkonzept mit bestimmten Werten und Orientierungsmustern. „Die Sprache wirkt in diesem Prozess als eine Art Klammer zwischen gesellschaftlichen und individuellen Sexualitätskonzepten, da sie sowohl Medium als auch Produkt menschlicher Kommunikation ist. Das heißt konkret, die Sprache stellt ein Bezeichnungsinventar bereit, das durch seine Heterogenität den differenzierten Austausch von Wissen, Ideen und Konzepten interpersonal ermöglicht."[108]

Der Begriff „Sex" wurde ins Deutsche im 20.Jahrhundert aus dem Neuenglischen „sex" - Geschlecht, Geschlechtsverkehr - entlehnt, stammt aus dem Lateinischen „sexus" und bedeutet das männliche und das weibliche Geschlecht. Darüber hinaus entstand im Deutschen das Substantiv *Sexualität.* Unter dem beherrschenden angelsächsischen Einfluss auf die deutsche Sprache folgten weitere Entlehnungen des Wortes wie *sexy* oder *Sexappeal*, deren Verwendung sich zunächst auf die äußere Erscheinung einer Person bezog. Die Wörter *Sexismus* und *sexistisch* bekamen im Deutschen eine etwas abwertende Bedeutung und finden Gebrauch in Bezug auf die Diskriminierung der Geschlechter.[109] Die Wörter *Erotik* und *erotisch* stammen aus dem Griechischen *erōtikos* - zur Liebe gehörig - oder *eros* - Liebe.[110]

Die weitere Palette der „sexuellen" Wörter (als fachmedizinische Termini sowie

---

107 Kluge, Norbert: Sexualsprache der Deutschen. Eine Erkundungsstudie über den aktuellen sexuellen Sprachegebrauch in West- und Ostdeutschland, Knecht, Landau 1997, S. 7.

108 Schimpf, Silke: Sprache im Bereich Sexualität. In: Hoberg, Rudolf (Hrsg.): Sprache – Erotik – Sexualität, Berlin 2001, S. 67

109 Vgl. Kluge, Friedrich: Etymologisches Wörterbuch der deutschen Sprache, 24. Auflage, Berlin 2002, S. 845.

110 Vgl. ebd., S. 256.

zu den literatur-, umgangs-, vulgär- oder jargonsprachlichen Bereichen gehörend) könnte man zunächst in „gute" und „schlechte" unterteilen, um aufzuzeigen, dass der Wortschatz, mit dem sexuelle Handlungen bezeichnet werden können, ein recht reichhaltiges Potenzial bietet.[111]

Das Wortfeld „Sex" umfasst mehrere Dutzende Spracheinheiten, die einen gewöhnlichen Gebrauch in der Umgangssprache gefunden haben, wobei die Schamgrenze nicht überschritten wird. Dazu gehören Substantive wie *Begierde, Bett, Busen, Erlebnis, Erotik, Kuss, Leidenschaft, Liebe, Pornografie, Quickie, Sex, Sexismus, Sexualität, Umarmung, Verkehr, Vorspiel, Zärtlichkeit*; Zusammensetzungen wie *Beischlaf, Geschlechtsverkehr, Liebhaber/In, Liebesabenteuer, -erlebnis, -nacht, -spiel, -lust, Oberweite, Sexerlebnis, Sex-Praktiken, Telefonsex*; Adjektive wie *attraktiv, aufregend, aufreizend, begehrenswert, betörend, erregend, erotisch, exotisch, geil, heiß, heterosexuell, homosexuell, intim, knackig, lecker, lustvoll, reizvoll, scharf, sexuell, sexy, sinnlich, verführerisch;* Verben wie *anhimmeln, begehren, betrügen, fremdgehen, lieben, knutschen, küssen, schmusen, verführen, vergöttern,* Redewendungen wie *Liebe machen, körperlich Einswerden, körperliche Hingabe/Liebe, eine Nummer schieben, heiße/tolle Nächte, vom anderen Ufer, miteinander schlafen, wilde Stunden* und sicherlich vieles mehr.

Neben den genannten harmlosen Sexuallexika gibt es in allen Ländern eine Vielzahl von umgangs- und vulgärsprachlichen Synonymen, deren Verwendung in der Öffentlichkeit nicht erwünscht ist. Die Gesellschaft legt die Normen des öffentlichen Gebrauchs der Sprache fest, so dass Moralregeln existieren, die in keinem Gesetzbuch auffindbar, jedoch jedem in Bezug auf den Gebrauch von vulgären Wörtern bekannt sind. „Für das gesellschaftliche Verbot, bestimmte sprachliche Begriffe zu meiden, gebe es verschiedene psychologische Ursachen wie etwa Furcht, Höflichkeitsgebot oder Anstößigkeit."[112]

Die äquivalenten Begriffe unterschiedlicher Länder und Sprachen werden unterschiedlich definiert. Betrachtet man die Sexuallexika im Russischen, so lässt sich sagen, dass viele (ca. 100) Schimpf- und Jargonwörter in der Umgangssprache als Ausdruck für Begeisterung und Freude benutzt werden können im Gegensatz zu den Begriffen in deutschen Sexuallexika, die in der Regel Schimpfwörter bleiben

111 Die Autorin verzichtet hier auf selbst bewertete Tabuwörter mit sexuellem Gehalt.
112 Köhnlein, Linguistische Ansätze, S. 91.

oder nur in bestimmten Situationen als Metapher verwendet werden. Es existiert also ein Widerspruch auf dem Gebiet der Tabuwörter. Diese werden in bestimmten Situationen gebraucht, gäbe es diese Situationen jedoch nicht, würden diese Wörter aussterben. Das heißt, diese sprachlichen Ausdrücke sind dazu da, um verwendet zu werden, und werden gebraucht in Kontexten wie der Aufklärung über Sexualität, der Medizin und der Umgangssprache. Hier bleibt allerdings die Frage offen, welche Wörter tabuisiert sind und welche nicht. Dies hängt aber laut Köhnlein von der Erziehung und vom Verständnis der Intimität eines jeden Individuums ab.[113]

Bekannt ist, dass Wörter Assoziationen hervorrufen. Deshalb benutzt die Werbung und explizit die Sex-sells-Strategie gewisse Lexikeinheiten wie *scharf, anziehend, knackig* oder *geil*, die auf Emotionen basieren und bei den Rezipienten erotische Phantasien wecken. Wie an den genannten Beispielen erkennen kann, wirken einige Wörter anregend, spannend und sogar angenehm.

Sex-sells beinhaltet nicht nur Sex und Erotik als solches. Die Wörter „Sex“, „Erotik“ und deren Wortfelder gewannen im Laufe der Zeit einen erweiterten Sinn und wurden dehnbarer eingesetzt. Das Wort *sexy* bezog sich früher auf das Aussehen und Benehmen einer Person. Sexy zu sein ist heute das Motto der Nation (Generationen zwischen 15 und 40 Jahren wollen sexy aussehen, sich sexy kleiden, sexy Autos fahren): Es bekam erweiterte, übertragene Bedeutungen und kann in Bezug auf Wissen, Intelligenz, Lebenseinstellung, Selbstbewusstsein und sogar auf eine breite Palette von Gegenständen wie Autos, Handys, Kleidung, Kosmetika usw. bezogen werden. Sexy ist man nicht mehr dann, wenn man gut aussieht, sich dementsprechend benimmt und knappe Kleidung trägt. Sexy ist eben übertragbar auf Luxus oder Wissen. Einige Vokabeln der sexuellen Lexik begegnet man im ironisch gebrochenen Kontext von Werbeanzeigen.

Die Anzahl von Anzeigen mit erotischen Stimuli bleibt seit Jahren konstant. Allerdings wird neuerdings neben den Begriffen Sex, Sexismus und Erotik auch von *erotischem Touch*, von *Verführung* oder von *Sinnlichkeit* gesprochen.[114]

So etwa in einer Astra-Bier-Werbeanzeige: Sie zeigt eine Frau mit einem Bierkasten in der Hand. Die Perspektive verlockt den Rezipienten den zentralen Punkt der Anzeige zu betrachten, nämlich die Pobacken der Frau, umhüllt von

113 Vgl. ebd., S. 95.
114 Vgl. Marschik/Dorer, Sexismus (in) der Werbung, S. 38.

einer zerrissenen Jeans. Das Bild ist mit einer Schlagzeile *„Super Kiste."* versehen. Gemeint sind sicherlich sowohl der Bierkasten als auch der Frauenhintern. Manche Frauen mögen die Redewendung als beleidigend und sogar als diskriminierend werten, in der Anzeige wirkt sie jedoch humorvoll, originell und harmlos. Bemerkenswert ist es, dass viele Werbeanzeigen von Astra-Bier durch ein Zusammenspiel aus Sexualität (mit Fragen und Antworten) und Humor gestaltet sind und beim Rezipienten sicherlich keine abwertende Reaktion hervorrufen werden. Wie sollen denn die Werbeanzeigen gestaltet werden, wenn das beworbene Produkt, das Astra-Bier, aus einer der beliebtesten und bekanntesten Gegenden von Hamburg, dem Stadtteil St. Pauli, kommt?

Oder wie in der Werbeanzeige eines seriösen Unternehmens (Nokia), deren Fließtext für die *L'Amour Handy Kollektion* folgendermaßen lautet: *„Erleben Sie das Aufeinandertreffen von erlesenen Materialien und modernem Design: Metall, Keramik und Leder verbinden sich in einzigartigen Formen. Künstlerische Verspieltheit verschmilzt mit moderner Mobilfunktechnik. Die L'Amour Collection von Nokia. Faszination und Inspiration zugleich.*" Der Text ist vom ersten bis zum letzten Wort mit Sexappeal versehen und scheint einem Erotik-Magazin entnommen und an die Handy-Kollektion angepasst zu sein. Doch die Wirkung des Textes ist nicht abstoßend, sondern beinahe „geschmeidig".

Ein weiteres Beispiel der Verwendung eines „reizendes" Wortes im übertragenen Sinne ist die Werbekampagne von Saturn, *Geiz ist geil.* Das Wort „geil" hat in diesem Beispiel überhaupt keinen Bezug auf Sexualität. In Frage gestellt wurde die angeblich übertriebene Sparsamkeit der Deutschen. Das Wort *geil*, vielen aus dem Bereich der Sexuallexik bekannt, gewann nach der Kampagne bei vielen Zielgruppen den Charakter einer Selbstverständlichkeit und wird gerne als Synonym für Adjektive wie klasse, gut oder cool verwendet.

Anhand dieser Beispiele zeigt sich, dass es sich bei der Werbung mit Sex schon lange nicht mehr nur um eine körperliche Beziehung, sondern es sich um die sinnliche Liebe und Anziehungskraft – also um den geistig-seelischen Bereich – handelt,[115] was durch Wortspiele oder reizende Bilder ausgedrückt wird.

Ob kritisiert oder begrüßt, ob im Text oder im Bild - sexy liegt im Trend.[116] Jedoch „[erfordert] das Sprechen über Sexualität [...] eine gewisse Sensibilität und

115 Vgl. Nickel, Nackte Tatsachen, S. 13.
116 Baszczyk, Werbung. Frau. Erotik, S. 126.

die Bereitschaft zur sachlichen Diskussion.“[117] Anhand weiterer Beispiele wird im nächsten Kapitel erläutert, wie Werbeaussagen den Sinn der Wörter verdrehen und damit einen teils verhüllten, teils direkten erotischen Hauch erreichen.

117 Vgl. Alexander, M. Wayne/Judd, Ben: Steigert nackte Haut den Werbeeffekt? In: Werbung. Schweizerische Zeitschrift für Marketing und Kommunikation, Nr. 7/8, 1978, S. 8-11.

5. Verlockende Werbespielchen mit Text in der Werbung

„Der Werbetext soll nicht vom Produkt erzählen,
er soll in seinem Klang, seinem Ton, seiner Stimmung
mit dem Produkt identifizierbar sein.
Er soll das Produkt beschwören, ihm ein Altar oder Denkmal sein."[118]

Die sprachlichen Aufgaben der Werbung nach Behaim-Schwarzbach sind: „Benennen, Beschreiben, Beziehen und Beseelen. Mit der Sprache wird die Ware benannt, nur mit der Sprache kann sie im einzelnen beschrieben werden. Dadurch wird die Ware unter den vielen, die auf dem Markt sind, individualisiert und dem Käufer vertraut gemacht. Die Sprache stellt die gedanklichen Beziehungen heraus, in welche die Ware gestellt wird, und schließlich bietet sie alle Möglichkeiten, die Ware zu beseelen."[119]

Abb.6: Werbeanzeige Astra-Bier, 2004

Bei der Gestaltung einer Werbeanzeige spielen nicht nur die inhaltlichen sondern auch die formalen Elemente eine bedeutende Rolle, da Werbung einem Verkaufsgespräch gleicht. „Man hat nur eine Chance um die Botschaft zu vermitteln. Deshalb soll sie kurz, treffend formuliert werden. Eine zweite Chance gibt es nicht."[120]

Bei der sprachlichen Gestaltung von Werbebotschaften sollte u.a. die Verständlichkeit der Aussage beachtet werden. Dabei ist es empfehlenswert, die Zielgruppen und deren Bildungsgrad, Vorkenntnisse sowie Interessen abzustimmen, um die Textverständlichkeit beim Rezipienten zu fördern. Eine klare Textstruktur, bestimmt von der passenden Wortwahl und einem adäquaten

118 Köhnlein, Linguistische Ansätze, S. 96.
119 Vgl. Römer, Sprache der Anzeigenwerbung, S. 26.
120 Interview der Verfasserin mit Oliver Königsfeld, Manager der Deutschen Oper am Rhein, Interview vom 20.7.2008, Anhang.

Satzbau, ermöglicht eine schnelle Orientierung über die sprachlichen Informationen. Deshalb besteht die Aufgabe eines Texters in der „Abfassung einer knappen, eindringlichen Wortgruppe, die einen bestimmten Begriff heraushebt.[121] Durch den assoziativen Gehalt der Wörter gelingt es den Werbetreibenden der Phantasie der Rezipienten viel Spielraum zu bieten. Durch die Verknüpfung mit anderen Wörtern (u.U. auch mit Bildern) werden die inneren Bilder eingeschränkt bzw. in eine bestimmte Richtung gelenkt. In der Regel werden Wörter mit den anderen Wörtern assoziiert (wie Attraktivität mit einer Frau), mit ähnlich klingenden Wörtern (wie Vitel – Vitalität) oder mit Emotionen und Erlebnissen (wie im Fall jeder Parfümwerbung, die in der Regel mit angenehmem Geruch verbunden wird).[122] „Werbung kann diese automatischen Assoziationen nutzen, um Texte emotional aufzubereiten, das Produkt in angenehmer Atmosphäre erleben und die Vorstellung über das eigentlich Gesagte hinaus wachsen zu lassen."[123] Und weiter: „Daher soll Werbung möglichst positive Begriffe benutzen bzw. für Dinge positive und aufwertende Begriffe (er-)finden."[124]

In Bezug auf die formale Gestaltung einer Werbeaussage hat Moser weitere Regeln formuliert:

- Auf der lexikalischen Ebene sollte bedeutungsvolles und bildhaftes Vokabular verwendet werden, das sich leicht aussprechen lässt. Substantivierungen sollen vermieden werden; positive Formulierungen rufen positive Assoziationen hervor. Informationen, die nicht nur verbal, sondern auch bildhaft im Gedächtnis abgespeichert werden, werden besser erinnert. So werden etwa bildhafte Wörter wie *Frau* oder *Mann* besser erinnert als weniger bildhafte Wörter wie *Leben* oder *Gefühl*. Während Substantive bildhafter sind, sind die entsprechenden Adjektive bedeutungshaltiger. [125]
- Als syntaktisch gelungen gelten kurze (Haupt-)Sätze, in denen Klammerbildungen vermieden werden sollten; Aktivsätze sollen Passivsätzen vorgezogen werden.
- Als eine der wichtigsten Orientierungen bei der Gestaltung einer Werbe-

121 Grosse, Siegfried: Reklamedeutsch, 1966. Nach: Nusser, Peter (Hrsg.): Anzeigenwerbung. Ein Reader für Studenten und Lehrer der deutschen Sprache und Literatur, München 1975, S. 78.
122 Schierl, Text und Bild in der Werbung, S. 146.
123 Ebd., S. 147 f.
124 Ebd., S. 149.
125 Moser, Werbepsychologie, S. 176 f.

botschaft gilt das Prinzip der *semantischen Deduktion.* Danach soll das Allgemeine vor dem Speziellen, das Einfache vor dem Komplizierten, das Bekannte vor dem Unbekannten, das Interessante und Wichtige vor dem Langweiligen und Unwichtigen platziert werden.[126]

Es lässt sich zusammenfassen, dass der Text bei dem Rezipienten ankommt und verstanden wird, wenn er vier formale Kriterien der Gestaltung erfüllt:

- Die *Einfachheit* dient der Anschaulichkeit und Verständlichkeit einer Werbebotschaft. Dies kann durch kurze, sich ständig wiederholende grammatikalische Strukturen erreicht werden.
- *Klarheit* soll für Vertrauen und Transparenz einer Botschaft durch die Wortwahl sorgen. Die Verständlichkeit der dargebotenen Werbetexte kann durch die schon erwähnten Anglizismen, Neologismen oder Fachtermini gestört werden.
- Unter *Einfallsreichtum* werden Überraschungseffekte definiert. Je raffinierter die Werbebotschaft, desto höher ist die Wahrscheinlichkeit, die Aufmerksamkeit des Rezipienten zu gewinnen.
- *Authentizität* bedeutet Glaubwürdigkeit. Übertriebene Aussagen sorgen für Abneigung gegenüber der Werbebotschaft [127]

Die Vorteile eines Textes erblickt Schierl in den folgenden Punkten:[128]

- Texte sind eindeutiger als Bilder;
- Text kann den Leser persönlich ansprechen und argumentieren;
- Durch überzeugende Argumente kann der Text „verkaufen“;
- Durch Texte kann man Schwerpunkte setzen und Einzelaspekte betonen;
- Nur Sprache verfügt über den Imperativ und somit über Möglichkeiten zur Aufforderung;
- Durch sprachliche Äußerungen lassen sich zeitliche Vorstellungen besser vermitteln.

---

126 Ebd., S. 181.

127 Pietzcker, Werbung texten, S. 22.

128 Schierl, Text und Bild in der Werbung, S. 286.

5.1 Textsegmente einer Werbeanzeige in Bezug auf Sex-sells

Der Text einer klassischen Werbeanzeige besteht in der Regel aus vier Komponenten: der Schlagzeile, dem Fließtext, dem Slogan und dem Produktnamen. Da die visuelle Gestaltung bei den Sex-sells-Anzeigen in der Regel überwiegt, lassen sich hier nur in wenigen Fällen alle Elemente wiederfinden. Im Folgenden werden klassische Werbestrategien mit derjenigen von Sex-sells verglichen. Darüber hinaus wird der Versuch unternommen textuelle Äquivalente aus der Sexuallexik und den Sex verhüllende Wortspiele zu ermitteln und diese aufzuzeigen.

5.1.1 Schlagzeile

Zunächst soll betont werden, dass die Schlagzeile (Kopfzeile/Headline) in den Sex-sells-Anzeigen oft entweder durch den Slogan ersetzt wird oder sogar ganz ausfällt. Die Schlagzeile befindet sich in der Regel zwischen Bild und Fließtext. Sie kann auch über die Anzeigenfläche verteilt oder ins Bild integriert sein. Die Schlagzeile hat neben dem Bild und teilweise auch anstatt des Bildes die zentrale Aufgabe des sprachlichen und typografischen Blickfangs und sowie diejenigen Erreger der Aufmerksamkeit zu sein.[129] Sie muss die hohe Aufmerksamkeit dazu nutzen, um den restlichen Text und somit das Produkt oder die damit verbundene Botschaft zu „verkaufen". Die Schlagzeile kann eine Produkteigenschaft besonders hervorheben, eine Verwendungssituation aufzeigen, einen besonderen Nutzen für den Konsumenten erwähnen oder das Produkt in allgemeine Wertvorstellungen einbetten.[130]

Urban unterteilt Schlagzeilen in verschiedene Kategorien.[131] Darunter fasst er die Schlagzeile als Aussage (Coca-cola light: „*Ein schöner Moment kann so leicht sein*"), die Schlagzeile als Ausruf (Base: „*Telefonieren Sie doch mal mit einem Top-Model*"), die Schlagzeile als Appell (AXA: „*Holen sie sich das Gefühl zurück, um nichts Sorgen machen zu müssen: Das AXA Gefühl*") und die Schlagzeile als Frage (Dove pro age: „*Zu alt, um sexy zu sein?*").[132]

---

129 Janich, Werbesprache, S. 43.
130 Ebd., S. 46.
131 Urban, Dieter. Nach: Schierl, Text und Bild in der Werbung, S. 150.
132 Schierl, Text und Bild in der Werbung, S. 150.

Wie soll nun eine Schlagzeile gestaltet werden, um den Kunden zum weiteren Lesen der Anzeige und zum Kauf des Produkts zu verführen? Dies gelingt in der Werbung mit Hilfe von diversen Gestaltungstechniken, die Barowski[133] folgendermaßen zusammengefasst hat:

- *Gegensatzpaare* sollen einer Schlagzeile „eine starke dramatische Kraft" verleihen und den Vorteil des Produkts/der Dienstleistung in den Vordergrund stellen, z.B. Kneipp Aroma-Pflegebad: *„Kaffee oder Milch? Öl oder Schaum? Pflege oder Wirkung? Am besten beides zusammen. Vor allem beim Baden."*
- Die *spielerische Verfremdung* bedeutet nichts anderes als ein Spiel mit Begriffen, die in unmittelbarer Nähe zum Produkt stehen. Diese Technik ist ein rätselhafter Weg, eine klare Aussage zu machen, so etwa Touropa: "*Wie die Sonne überwintert.*"
- Die Schlagzeile kann unter anderem *die Ursache und Wirkung* des Produktes/der Dienstleistung aufweisen. Was ist der Grund und was ist die Folge? So Ford Focus: *„Sie sehen aber auch gut aus."* Der Kunde wird auch gut aussehen, wenn er mit diesem Auto fahren würde.
- *Widersprüche*: Verbale Gegenüberstellungen mit inhaltlichen Widersprüchen wecken Aufmerksamkeit, z.B. Alka Selzer: *„Für die angenehmste Erklärung, die Sie je hatten."*
- Eine kleine, in die Schlagzeile integrierte *Story* verleiht einer Aussage einen nachvollziehbaren Charakter. Der Leser wird dadurch stärker in das Thema eingebunden, z.B. Ramazotti: *„Frauen stehen eher auf dunkle Typen – das können wir gut verstehen."* oder *„Gut aussehend. Temperamentvoll. Und vor allem immer flüssig", „Mein Lieblingsitaliener um die Ecke".*
- Das Prinzip der *Alliteration,* in dem der gleiche Anlaut der betonten Silben der aufeinander folgenden Worte verwendet wird, prägt sich besonders gut ein, z.B. Shape: *„Sexy, schön, sportlich"*; Saturn: *„Geiz ist geil!"*
- Bei der *Analogie* wird von Entsprechungen, Ähnlichkeiten eine Gleichheit von Verhältnissen gemacht, z.B. Nivea Sonnenmilch: *„Ich fühl mich Sommer mit dem Duft des Sommers."*
- *Anapher* bedeutet eine einfache oder mehrfache Wiederholung von gleichen Worten am Beginn von aufeinander folgenden Aussagen oder Satzteilen, so etwa

133 Vgl. Barowski, Mike: Das professionelle 1x1 der Textgestaltung, 2. Auflage, Berlin 2003, S. 77-80.

„Mehr Internet. Mehr Kommunikation" oder Pantene Pro-V: *„Schönes Haar. Schönes Gefühl."*

- Der *Appell* oder Aufruf zu einem bestimmten Verhalten ist einer der beliebtesten Techniken, die in der Schlagzeile verwendet werden, z.B. Clinique Lippenstift: *„Einfach zum Küssen. Sie werden nicht die einzige sein, die merkt, dass ihr Lippenstift parfümfrei ist"* oder Dove Sunshine Body Lotion: *„Gut gepflegt. Gleichmäßig gebräunt."*
- *Provozierende Behauptung/Aufforderung/Fragestellung,* z.B. Gib AIDS keine Chance: *„Super, ich hab Syphilis."* oder Eucerin Repair Lotion: *„Endlich Schluss mit trockener Haut!"* oder Dove pro age: *„Zu alt um sexy zu sein?"*
- Beim *Name-Dropping* werden die Namen von bekannten, berühmten oder bedeutenden Persönlichkeiten als Aufmerksamkeitsverstärker benutzt, so bei Magnum-Eis (beworben von Eva Longoria): „*Mein Name ist Eva. Wie könnte ich dieser Versuchung widerstehen?*"[134]

5.1.2 Fließtext

Fließtext ist der eigentliche Textblock einer klassischen Werbeanzeige. Da Fließtexte nur selten in Sex-sells-Anzeigen Platz finden, wird hier nur ein kleiner Überblick über den Fließtext und seine Funktionen geboten.

In der Werbesprache kann der Fließtext als Copy, Textbody oder Body Copy[135] bezeichnet werden. Seine Funktion besteht darin, „den in der Schlagzeile thematisierten Aufhänger als Text-Thema aufzugreifen und in einer stilistisch und semantisch kohärenten Form auszuführen bzw. das Bildmotiv der Anzeige sprachlich auszuformulieren oder mit weiteren Angaben zu ergänzen."[136] Der Fließtext informiert näher über das Produkt und seine Eigenschaften. Laut Zielke kann das Vorhandensein eines Fließtextes eine gewisse Glaubwürdigkeit in der Anzeige erzeugen.[137]

Der Fließtext muss das Produkt oder die Dienstleistung vorführen, zu seinen Gunsten argumentieren, den Konsumenten emotional einnehmen und auf einen

---

134 Vgl. ebd., S. 77-80.
135 Janich, Werbesprache, S. 47.
136 Zielke, Beispiellos ist beispielhaft, S. 47.
137 Ebd., S. 73-78.

eventuellen Kauf einstimmen. Nach Dunn und Barban[138] lassen sich Fließtexte in folgende Kategorien einordnen:

- *Reason-Why Copy* bedeutet wörtlich aus dem Englischen übersetzt „Grund warum" und soll dem Konsumenten die Vorteile der Benutzung des beworbenen Produktes erklären.
- *Humourus Copy* nutzt die Vorzüge von humorigen Appellen.
- *Descriptive Copy* beschreibt das Produkt oder die Dienstleistung.
- *Testimonial Copy* verwendet einen Zeugen (oftmals Prominente), der das Produkt direkt oder indirekt empfiehlt. Das Prinzip von Testimonials kann in einer Werbeanzeige sowohl für Bilder als auch für Texte verwendet werden.
- *Dialogue Copy* zeigt einen fiktiven Dialog, z.B. zwischen zwei Personen. Eine Aussage kann die Belobigung des beworbenen Produktes beinhalten.
- *Narrative Copy* erzählt eine (möglichst interessante) Geschichte.[139]

Unabhängig von dem Aufmerksamkeitswert der Textlänge empfiehlt es sich, allein schon um die Aufnahmebereitschaft der Leser zu fördern, füllige Texte optisch möglichst knapp erscheinen zu lassen.[140]

Unter den 290 Werbeanzeigen mit erotischen Stimuli, die für die vorliegende Untersuchung aus den bekannten Zeitschriften[141] ausgewählt wurden, sind Anzeigen mit einer Andeutung an Erotik durch Texte (Slogans, Schlagzeilen und Fließtexte) nur in einer Minderheit (7 Prozent) vertreten, worunter sich nur 1,5 Prozent an Werbeanzeigen mit Fließtext befinden. Dies spricht dafür, dass Sex-sells überwiegend visuell gestaltet werden. *FALKE*-Printanzeige bietet sich aber an, um die Anschaulichkeit der Fließtexte in Werbungen mit erotischen Andeutungen verfolgen zu können:

„Weiblichkeit, Ästhetik und Sinnlichkeit: FALKE Produkte sind eine Hommage an die Frau, an ihre natürliche Schönheit, an ihre Persönlichkeit. FALKE steht für modernes Design, luxuriöse Details, innovative Ideen und beste Qualität. Ob hauchdünne Feinstrumpfhosen, raffinierte Stay-ups oder feinste nahtlose Bodywear: FAKLE verbindet Glamour mit Komfort und Sinnlichkeit mit Funk-

138 Vgl. Schierl, Text und Bild in der Werbung, S. 153.
139 Vgl. ebd., S. 153.
140 Ebd., S. 156.
141 Es wurden Zeitschriften und Modemagazine aus dem deutschsprachigen Raum ausgewählt, und zwar die Erscheinungsjahre 2006 bis 2009. Folgende Medien wurden gesichtet: Amica, Brigitte, Celebrity, Cosmopolitan, Elle, Focus, Freundin, Gala, Glamour, InStyle, In Touch, Madame, Max, Maxi, Men's Health, myself, Petra, Playboy, Prinz, Stern, Woman, Vogue.

tionalität. Spüren Sie einen Hauch von Luxus auf der Haut.“[142]
Obwohl es eine Werbeanzeige ist, die man unter Sex-sells kategorisieren könnte, wird im Fließtext wenig von Sex und Erotik gesprochen. Raffiniertenweise werden hier Gründe erwähnt, warum man FALKE-Produkte kaufen sollte und welche Vorteile Frauen davon haben. Eindeutig vorhanden ist der Appell an das Selbstwertgefühl und an den Besitz luxuriöser Waren. Jedes Wort ist bis ins Detail gefühlsstimulierend. Der Text hört sich „samtweich“ an, so dass man es fast zu spüren bekommt, wie sich die feinen FALKE-Strümpfe tatsächlich auf der Haut anfühlen. Allerdings sind auch hier die Repräsentanten der englischen Sprache zu finden, was zwar die Verständlichkeit des Textes an den betroffenen Stellen erschwert, jedoch nicht die Gesamtwirkung stört.

5.1.3 Slogan

Der Slogan ist das am häufigsten aufzufindende textuelle Element einer Werbeanzeige und auch einer Sex-sells-Anzeige. Der Begriff „Slogan“ stammt aus dem Gälischen und kann als Schlachtruf übersetzt werden.[143] Viele dieser Schlachtrufe wurden in die Umgangssprache übernommen, einigen gelang es sogar, in den Rang eines Sprichworts aufzusteigen.[144]
Unter einem Slogan versteht man eine kurze, graphisch und bedeutungsmäßig isoliert erscheinende Textzeile, „welche die Ware entweder unverändert oder mit leichten Abwandlungen ständig begleitet.“[145]
„Das Hauptmerkmal des Slogans besteht in seiner Funktion, die Wiedererkennung des Produkts, einer Marke oder eines Unternehmens zu ermöglichen und zu stärken und dabei imagebildend zu wirken. Dies kann er nur, weil er wiederholt wird und sich daher in allen Anzeigen zu einem Produkt bzw. einer Marke bzw. einem Unternehmen findet. Da er anzeigen- und meist auch medienübergreifend eingesetzt wird, kann er nicht zugleich den konkreten Inhalt einer einzelnen

142 FALKE-Printanzeige, erschienen in: InStyle, Juni 2007.
143 Vgl. Hars, Wolfgang: Nichts ist unmöglich! Lexikon der Werbesprüche. 500 bekannte deutsche Werbeslogans und ihre Geschichte, München 2001.
144 Vgl. ebd.
145 Römer, Sprache der Anzeigenwerbung, S. 79.

Anzeige zusammenfassen."[146]

Zielke unterscheidet zwischen Slogan und Claim. Der Claim ist ein Textelement, das im Unterschied zum Slogan keinen Wiederholungscharakter besitzt: „Insofern sind Claims als Sinn- und Merksprüche zu verstehen, die ein Fazit der werblichen Ausführungen [eines Fließtextes] ziehen und als solches von ihren Lesern in Erinnerung behalten werden sollen."[147]

Janich führt weiter aus: „Slogans beziehen sich dagegen sehr viel allgemeiner auf die Inhalte der Anzeigen, in denen sie auftauchen, und haben durch ihre häufige Wiederholung und ihre oft sehr lange Lebensdauer einen sehr viel größeren Wiedererkennungswert."[148] Baumgart spricht von der zentralen Funktion des Slogans und versteht darunter seine *Identifikationsfunktion*[149] (Imagefunktion). Identifikationsfunktion gleicht einer Visitenkarte der Marke bzw. des Unternehmens: Der Slogan soll fest mit einer Marke und einem Unternehmen verbunden werden.[150]

„Durch Wiederholung und eine knappe, prägnante Form soll [der Slogan] sich beim Konsumenten einprägen und die Wiedererkennung ermöglichen. Dass er diese Funktion in der Regel sehr gut erfüllt, zeigt sich daran, dass Slogans als eine Art moderner 'geflügelter Worte' Eingang in die Alltagssprache finden."[151]

Gleichermaßen wie die Schlagzeilen werden Slogans in vier Kategorien eingeleitet: argumentierende, auffordernde, behauptende und befehlende.[152] Das Hauptkennzeichen eines Slogans ist seine „relative Kürze".[153] So soll der Slogan den Produktnamen beinhalten sowie einfach, verständlich und eingängig formuliert werden.[154] Der Grundregeln bedienen sich die Werbeanzeigen von L'Oreal. Die Anzeigenbilder sind hier austauschbar, der Slogan bleibt konstant: *„Weil Sie es sich wert sind.*" Somit kommt die Identifikationsfunktion der Marke zur Geltung.

Bereits erwähnt wurde der Trend der aktuellen Werbung zur Verwendung von Anglizismen. Deswegen werden Slogans häufig in englischer oder französischer Sprache kreiert, etwa in den Sex-sells-Anzeigen sowie in der Parfüm-, Beauty-

146 Janich, Werbesprache, S. 48.
147 Zielke, Beispiellos ist beispielhaft, S. 85.
148 Janich, Werbesprache, S. 49.
149 Baumgart, Die Sprache der Anzeigenwerbung, S. 42.
150 Janich, Werbesprache, S. 49.
151 Ebd., S. 49.
152 Urban, Dieter. Nach: Schierl, Text und Bild in der Werbung, S. 157.
153 Janich, Werbesprache, S. 50.
154 Vgl. Schierl, Text und Bild in der Werbung, S. 157-159.

und Modewerbung. Dabei spielt der internationale Kostenfaktor eine bedeutende Rolle. Die Anzeige wird einmalig produziert und kann somit weltweit ohne zusätzliche Kosten eingesetzt werden. Die Voraussetzung dafür ist die Verständlichkeit des Werbetextes. Die berühmtesten Beispiele hier sind: *The fragrance for man/woman; The secret code of woman* usw.

5.1.4 Produkt- und Markenname

Der Produkt- und Markenname ist das einzige Element, ohne das keine Werbeanzeige auskommt. „Produktnamen sollten von Marken- und Firmennamen unterschieden werden. So ist Daimler-Chrysler zum Beispiel der Firmenname, die Marke nennt sich Mercedes-Benz und das Produkt könnte Mercedes-Benz Sprinter heißen [...].“[155] Produktnamen genießen in Deutschland einen ausgedehnten Rechtsschutz durch das Markengesetz: „Als Marke können alle Zeichen, insbesondere Wörter einschließlich Personennamen, Abbildungen, Buchstaben, Zahlen, Hörzeichen, dreidimensionale Gestaltungen einschließlich der Form einer Ware oder ihrer Verpackung sowie sonstige Aufmachungen einschließlich Farben und Farbzusammensetzungen geschützt werden, die geeignet sind, Waren oder Dienstleistungen eines Unternehmens von denjenigen anderer Unternehmen zu unterscheiden.“[156]

Produktnamen nehmen laut Janich eine Zwischenstellung zwischen Eigennamen und *Appellativen* ein. Sie identifizieren wie Eigennamen einerseits Einzelobjekte; auf der anderen Seite benennen sie wie Appellative ganze Klassen von Gegenständen mit bestimmten Eigenschaften.[157] Die Namen von Produkten, dessen Werbung dem Rezipienten besonders attraktiv erscheint, dringen in die Umgangssprache ein und dann auch in die normativen Wörterbücher. Solche Beispiele sind *Tempo* als Taschentuch, *Mercedes* als Luxusauto, *Duden* als Wörterbuch usw.

Laut dem Bühler'schen Organon-Modell erfüllt jedes sprachliche Zeichen drei grundlegende Funktionen: „eine Darstellungsfunktion in Bezug auf das Benannte,

155 Janich, Werbesprache, S. 52.
156 Gesetz über den Schutz von Marken und sonstigen Kennzeichen vom 25.10.1995/MarkenG.
157 Vgl. Jabich, Werbesprache, S. 51.

das Referenzobjekt; eine Ausdrucksfunktion für den das Zeichen benutzenden Sender; eine Appell- oder Signalfunktion gegenüber dem Empfänger. Eigennamen unterscheiden sich von (appellativischen) sprachlichen Zeichen dadurch, dass sie statt einer objektbezogenen Darstellungsfunktion eher eine Identifizierungsfunktion, statt einer senderbezogenen Ausdrucks- eher eine direkt hinweisende [...] Funktion und statt einer empfängerbezogenen Appell- eher eine Erkennungsfunktion haben. Während Appellative eine Inhaltsseite, also eine Bedeutung aufweisen, steht beim Eigennamen die Referenz- und Identifikationsfunktion in Bezug auf ein einzelnes Objekt im Vordergrund. Daher wird die Frage, ob Namen Bedeutungen haben, in der Regel eher verneint."[158] Produktnamen differenzieren ein Produkt von anderen und transportieren gewisse Informationen über das Produkt. Produktnamen sollen beim Rezipienten ein positives Markenimage vermitteln und ein bestimmtes Vorstellungsbild mit dem Namen verbinden, so dass der Wiedererkennungswert ermöglicht wird.[159]

Platen[160] unterscheidet zwischen drei Formen der Marken- und Produktnamen:

1. **Übernahmen** sind vollständige Eigennamen, Wörter oder Morpheme, die aus natürlichen Sprachen entlehnt und zur Bezeichnung von Produkten umfunktioniert wurden.

- Lexikalische Übernahmen – Übernahmen von Appellativen oder appellativischen Morphemen: *Elle* (sie), *Merci* (Danke), *Diesel*;

- Onymische Übernahmen – Übernahmen von geografischen oder Personennamen: *Mercedes*, *Petra* (Frauenname), *Campari* (von Gaspare Campari), *Apollinaris, Gilette* (von King Camp Gilette).

2. Unter **Konzeptformen** werden all diejenigen Produktnamen klassifiziert, die sich durch eine Veränderung von einer lexikalischen oder onymischen Vorlage unterscheiden.

- Deformierte Formen: *Nivea* (von Niveau), *Axe* (von Achsel), *Pfanni* (von Pfanne),

- Derivative (abgeleitete) Formen (werden mit Hilfe von Suffixen gebildet): *Nutella, Yogur-ette*;

- Zusammengesetzte Formen: *Milka* (von Milch und Kakao), *Sinalco* (ohne

158 Ebd., S. 53.
159 Ebd., S. 53.
160 Vgl. Platen, 1996. Nach: Janich, Werbesprache, S. 54-56.

Alkohol), *Perwoll* (für die Wolle), *Palmolive* (Palmkern und Olivenöl);
- Komplexe Formen: *Du darfst, Nimm zwei, badedas, Milky Way.*

3. **Kunstwörter** unterscheiden sich durch einen besonderen Grad der Verfremdung; sie sind weder aus natürlichen Sprachen noch aus dem allgemeinen Namensbestand übernommen.

- Modulare Formen (bestehen aus Silben oder Initialen): *Haribo* (Hans Riegel Bonn), *Obi* (organisation bricolage international), *Schweppes* (Schweppsomanie – griech.: ansteckende Krankheit)[161], *Eduscho* (Eduard Schopf);
- Kompakte Formen: *Kodak, Twix, Häagen Dazs, Wasa.*[162]

5.2 Sprachliche „Tricks“ zur Gestaltung einer Werbeanzeige

Unter sprachlichen Tricks werden hier *Sprachspiele* verstanden. Das Spiel mit der Sprache in der Werbung ist eine selbstverständliche Methode um die Botschaft attraktiv zu gestalten. Bei den Sprachspielen handelt es sich um textuelle Abweichungen von den sprachlichen Normen, die durch ihre besondere Form das Interesse der Konsumenten wecken. Solche Abweichungen erfolgen laut Janich absichtlich „mit dem Ziel, eine komische, witzige oder [...] allgemein persuasive Wirkung zu erzeugen.“[163] Es wird nun versucht die sprachlichen Tricks aufzuzeigen, die auf rhetorischen, stilistischen und semantischen Stilelementen basieren und die Aufnahme und Verarbeitung der Werbebotschaften erhöhen.

5.2.1 Gestaltung der Argumentation

Der Erfolg oder Misserfolg der beeinflussenden Kommunikation hängt von der Präsentation der Argumente ab. Das gleiche Argument, unterschiedlich dargeboten, hat unterschiedliche Wirkungen. Argumentation in der Werbung bietet einen besonderen Nutzen, der auf zwei Ebenen liegen kann:

- der Grundnutzen betrifft den Grundnutzen eines Produktes und bezieht sich auf seine technische Grundlage, z.B. „*braucht um die Hälfte weniger Strom*“, oder
- ein Zusatznutzen betrifft den seelisch-geistigen Nutzen des Rezipienten. Dieser

161 Hars, Lexikon der Werbesprüche, S. 173.
162 Vgl. Platen, 1996. Nach: Janich, Werbesprache, S. 54-56.
163 Janich, Werbesprache, S. 147.

wird in der Regel persönlich empfunden und betrifft Gefühle, Prestige, soziale Anerkennung usw., z.B. *„ein Hauch von Luxus erhöht das Ansehen bei den Mitmenschen.“*[164]

Wenn mehrere Argumente vorgebracht werden, kann auch die Anordnung dieser Argumente gestaltet werden. Das stärkste Argument kann beispielsweise am Anfang stehen. Dies beeinflusst die Wirksamkeit der Kommunikation.

Behrens[165] schildert einige Möglichkeiten, um eine Argumentation zu gestalten:

- *Ein- und zweiseitige Argumentation*

Um den Rezipienten zu überzeugen, ein Produkt zu erwerben, helfen Argumente, die für dieses Produkt sprechen. In eine argumentative Aussage kann auch eine Gegenargumentation integriert werden: *„Die von uns angebotene Datensicherung ist kein Standardprodukt. Sie ist teuer und kann auch nicht so schnell installiert werden wie Standardprodukte. Sie löst aber Probleme, an denen Standardprodukte scheitern ...“* Hier werden nach den Gegenargumenten im zweiten Satz die Vorteile des Produktes aufgeführt. Im Gegensatz zur einseitigen Argumentation, bei der nur unterstützende Argumente gebracht werden, wird diese Argumentationsform zweiseitige Argumentation genannt, weil auch Gegenargumente aufgeführt werden. Sie ist in der Regel glaubwürdiger und interessanter. Allerdings sollte beachtet werden, dass die Gegenargumente nicht zu trivial sein dürfen, da die Argumentation sonst insgesamt unglaubwürdig und oberflächlich wirkt. Allerdings spricht der Zeitaufwand gegen die zweiseitige Argumentation.[166]

- *Platzierung der Argumente*

Wissenschaftler sind sich nicht einig, ob die starken Argumente zum Anfang oder zum Schluss platziert werden sollten. „Möglicherweise ist es gar nicht so wichtig, ob die zentralen Argumente am Anfang der Kommunikation gebracht werden oder nicht. Wichtiger ist wahrscheinlich der richtige Einstieg in die beeinflussende Kommunikation: Die Zuhörer müssen motiviert werden. Es muss eine ausbaufähige Basis für die weiteren Ausführungen geschaffen werden. Gute Redner beginnen selten mit starken Argumenten, aber häufig mit interessanten Beispielen und Fragen, die zu den zentralen Argumenten führen.“[167] Also können die starken

164 Vgl. Schweiger/Schrattenecker, Werbung, S. 169.
165 Behrens, Werbung, S. 104.
166 Ebd., S. 104.
167 Ebd., S. 104.

Argumente sowohl am Anfang als auch am Ende genannt werden.

- *Schlussfolgerung*

Die Schlussfolgerung einer Argumentation kann auch wirksam werden, wenn sie nicht angesprochen wird. Diese soll dem Empfänger spontan bewusst werden. Dies nennt man *implizite Schlussfolgerung.* Sie ist häufig wirksamer als die ausgesprochene (*explizite*) Folgerung. Dies hängt möglicherweise damit zusammen, dass bei impliziten Schlüssen eine höhere Selbstbeteiligung an der Argumentation notwendig ist.

Schlussfolgerungen sind explizit zu formulieren, wenn die Aussage komplex ist und der Empfänger mit der Aussage wenig vertraut ist. Dagegen sind implizite Schlussfolgerungen zu erwägen, wenn der Empfänger mit der Aussage vertraut ist und die Schlussfolgerung einfach und eindeutig erscheint.[168]

5.2.2 Rhetorische Gestaltung

In der Rhetorik wird zwischen folgenden Möglichkeiten unterschieden, den Empfänger anzusprechen und zu überzeugen:

- Ethos: Appelle an das Gewissen, an die Moral
- Pathos: Appelle an Gefühle
- Logos: Rationale Argumentation.[169]

1. Bei den *moralischen Appellen* hängt die Beeinflussungswirkung in erster Linie vom Sender bzw. vom Medium selbst ab, weniger von der Botschaft. In der Regel werden in der Werbung Appelle an Konsumnormen verwendet, indem man auf soziale Bestrafung oder Belohnung hinweist. Produkte werden zu Symbolen für Status und Prestige aufgebaut.

2. Eine Aktivierung durch *emotionale Reize* fördert nicht nur die erste Auseinandersetzung mit einer Werbebotschaft, sondern sie kann auch den gesamten Verarbeitungsprozess positiv beeinflussen. Wie bereits erwähnt, gibt es eine ganze Reihe von Stimuluskategorien, die besonders stark aktivieren: erotische Darstellungen, Kindschemata, humor- oder angsterregende Gestaltungselemente. Diese Reize aktivieren gleichsam automatisch jeden Menschen, da sie grundlegende Triebe und Motive ansprechen. In der Regel werden in der

168 Ebd., S. 105-109.
169 Schweiger/Schrattenecker, Werbung, S. 226-228.

Werbung angenehme Gefühle wie Erotik, Familienglück, Wohlbefinden oder soziale Anerkennung als Belohnung versprochen und – durch häufige Wiederholung – mit dem Markennamen konditioniert. Die Vermittlung derartiger emotionaler Erlebnisse erfolgt dabei hauptsächlich durch Bilder. Aber auch Worte können ein hohes Aktivierungspotenzial haben.[170]

3. Durch die *rationale Argumentation* gelingt es in der Werbung, den Empfänger zu überzeugen und eventuell zur Kaufentscheidung zu bewegen.

4. *Wiederholung* ist das wichtigste rhetorische Mittel der Werbung, das sowohl in den Schlagzeilen, als auch im Fließtext und Slogans vertreten ist. Die erste Form der Wiederholung ist schon die immer wiederkehrende Anzeige. Um Einförmigkeit zu vermeiden, wird der Text leicht verändert, die Blickfänge ausgewechselt ebenso wie die so genannten „Aufhänger", doch im wesentlichen bleiben die gesamte Art und Aufmachung der Anzeige, ihre wichtigen Sätze und ihr Slogan oft über Jahre hinweg unverändert. Auf diese Weise wird die Anzeige vom Leser auf den ersten Blick wiedererkannt. Im Anzeigentext werden dann häufig der Markenname und die Eigenschaften der Ware wiederholt. Nach diesem Prinzip funktionieren die Werbekampagnen von Nivea, bei denen das Motiv, das Bild und der Werbeslogan leicht verändert werden: *Schönheit ist Lebensfreude. Schönheit ist ein gutes Gefühl. Schönheit ist Sehnsucht. Schönheit ist Glück. Schönheit ist Pflege. Schönheit ist Leben. Schönheit ist Nivea.*

5. Eine *Behauptung* ist dann besonders eindringlich, wenn sie das Wort *brauchen* benutzt. Allerdings muss es nicht ausgesprochen werden. Werbung und Behauptungen sollen ein gesellschaftliches Vorbild schaffen und alle, die sich noch nicht der behaupteten Norm entsprechend verhalten, zur Nachahmung anspornen. Es wird sehr oft das Wort *man* als anonyme Verkörperung des Vorbilds benutzt. Die Behauptungen betreffen durchaus nicht die Qualität der Ware, sondern das Verhalten der Leser und Käufer, z.B. Nivea Good-bye Cellulite-Creme: *Die innovative Gel-Creme reduziert mit dem hauteigenen Fettverbrenner L-Carnitin die äußeren Anzeichen von Cellulite. Für sichtbar straffere und glattere Haut.* Hier bietet sich als nächster Satz die Aussage an: „Sie brauchen es doch auch!" Milka: *Sein Herz zu verschenken ist doch ganz einfach mit I love Milka.*

6. Zu einen oft eingesetzten rhetorischen Mittel in der Werbung gehört ein *Befehl*

170 Ebd., S. 226-228.

in Form eines direkten oder versteckten Imperativs. Selbst wenn der Slogan kein Imperativ ist, so fehlt es doch tatsächlich in kaum einer Anzeige an einer befehlenden Form. Meist steht der Imperativ am Schluss, wenn die Vorzüge der Ware geschildert worden sind. Manchmal ist die Befehlsform durch ein eingeschlossenes *bitte* gemildert. Durch ein eingeschlossenes *doch* bekommt die Kaufaufforderung den Ton eines gut gemeinten Ratschlags. Den Eindruck der Vertraulichkeit erhöht ein eingeschlossenes umgangssprachliches *mal*, so in der Douglas-Anzeige für das Parfüm „Opium" von Yves Saint Laurent: *Erleben Sie jetzt bei Douglas, was Unwiderstehlichkeit bedeutet*; Kinder Bueno: *Mach dir das Leben bueno.*

7. Die *Anrede* ist ein geeignetes Mittel, um den Kunden persönlich anzusprechen und auf diese Art die zweiseitige Kommunikation zu imitieren. Die Ansprache erfolgt in der Regel durch die Personalpronomen *Du* oder *Sie*. Nutella & go!: *„Wann du willst, wo du willst!"* oder Blackberry Pearl: *„Wohin auch immer das Leben Sie führt."*

8. In vielen Anzeigen wird die Botschaft in Form einer *einleitenden Frage* formuliert. Diese kann sich unmittelbar auf das Produkt beziehen, das in der Anzeige abgebildet ist. Die Frage kann aber auch nur eine Einleitung sein, von der aus dann in Stufen zu dem eigentlichen Produktangebot vorgegangen wird, so bei TV-Spielfilm: *„Sie lieben Filme? Wir auch."* oder Schweppes: *„Haben Sie heute schon geschweppt?"*

9. Mit einer *Antithese* wird die ursprüngliche These bestritten. Dabei werden zwei Wörter, Begriffe, Satzteile oder Sätze einander gegenübergestellt, so etwa Thierry Mugler Parfüm Angel: *„So sanft kann Stärke sein ... Thierry Mugler – Parfüms von magischer Anziehungskraft."*

10. Ein ebenso häufiges wie auffälliges Merkmal der Werberhetorik ist die *Dreigliedrigkeit* (Dreierfigur) des Ausdrucks. Durch drei Hebungen kommt eine rhythmische Prosa zustande. Ritter Sport: *Quadratisch. Praktisch. Gut.*

11. Nicht selten wird die eigentliche Werbebotschaft eingekleidet. Man bedient sich dazu eines Mittels, das im Journalismus *'Aufhänger'* genannt wird: Man beginnt mit einer Aussage, die scheinbar auf etwas anderes hinaus will, und am Schluss wird eine Belobigung der Ware angefügt.

a) Eine Art der Aufhänger ist der Witz entweder im Bild oder in Worten oder in beidem zugleich. Eine Amicelli-Printanzeige stellt eine leicht bekleidete junge Frau dar, die vermutlich auf etwas anderes hinaus will, nur nicht auf Schokolade. Zum Schluss kommt aber die Produktbezeichnung hervor. Somit wird deutlich, dass die hübsche junge Dame nur die Verpackung von der Schokolade meint: *„Ist doch ganz leicht, sich etwas Süßes aufzureißen. Amicelli. Die leichtere Art, Schokolade zu genießen.“*

b) Eine andere Art Aufhänger beginnt mit allgemein interessierenden Mitteilungen und schließt mit der Werbepointe, so Coca-cola light: *„Ein schöner Moment kann so leicht sein. Coca-cola light. Live life light.“*

c) Eine dritte Form der indirekten Werbung durch Aufhänger verzichtet gänzlich auf die Herstellung eines Zusammenhanges. Es wird etwas erzählt, das äußerlich keinen Zusammenhang mit der Ware hat. Die Kaufaufforderung bleibt ganz aus. Eine Jules Mumm-Anzeige stellt eine Szene dar, in der drei Freundinnen Zeit für Jules Mumm und das Ansehen von Fotos haben. Der präparierte, in der Badewanne liegende junge Mann bleibt unbeachtet: *Alles andere kann warten! Jules Mumm.*

d) Der Werbung kommt es manchmal darauf an, ihre Ware in weite und umfangreiche Zusammenhänge zu stellen. Die Aussage beschränkt sich nicht auf die Ware, ihre Vorteile, ihre Herstellung, auf Verkauf und Preis, sondern es wird eine Atmosphäre dargestellt, zu der sie angeblich passt, ja sogar gehört. An der Darstellung von Situationen, Orten und Gelegenheiten, für die sich das Erzeugnis gut eignet, ist das Bild stark beteiligt. Die Sprache hat dann die Aufgabe, den bildlichen Eindruck zu erläutern, zu vertiefen und zu erweitern. *„Mal ehrlich: Wir Frauen lieben es zu glänzen. Jede Frau ist eine Königin. Und jede Königin hat ein Diadem.“* Ohne das passende und erklärende Bild zu der Schlagzeile würde es wenig Sinn ergeben zu erraten, worum es im Text geht. Diese Schlagzeile wirbt für eine Haarfarbe Diadem Care Closs von Schwarzkopf.

12. Als *gebundene Sprache* wird ein Werbemittel bezeichnet, welches in Versen und Reimen der Werbebotschaft dargestellt werden kann, z.B.: Hubba Bubba: *Mit Riesenblasen, die nicht kleben, kannst Du 'nen Riesenspaß erleben.*

13. Mit einem *Euphemismus* wird das Produkt mit einem verschönernden, verschleiernden oder verhüllenden Begriff genannt, z.B. statt *erotisch – begehrenswert,* statt *Liebesverhältnis – Abenteuer.*

14. Das *Wortspiel* ist eine rhetorische Figur, die auf der Mehrdeutigkeit, Verdrehung und Umdrehung von Wörtern oder sonstigen Wortverdrehungen beruht und dem Empfänger als humorvoll erscheint, so die Flugbörse: *„Ich flieg' auf dich und am liebsten auch mit dir."*

15. Die *Anspielung* unterscheidet sich zwischen der Anspielung, die auf die Erzeugnisse und Leistungen der Konkurrenz gerichtet ist – in diesem Fall kann der verbotene Warenvergleich mit einer Anspielung umgangen werden, z.B. Miele: *„Je mehr Sie vergleichen, desto mehr kommen Sie auf Miele"* –, und der Anspielung, die nicht auf die Konkurrenz bezogen ist, wie etwa im Slogan für die Unterwäschefirma May: *„Das Beste auf der Haut."*

16. Bei der Vermenschlichung der Ware – der *Personifizierung* – werden Begriffe verwendet, die sich kategorial nur für Menschen oder die Natur eignen. Die Vermenschlichung wird gesteigert, wenn den Dingen nicht nur durch Adjektive ausgedrückte menschliche Eigenschaften zugeschrieben werden, sondern sie mit Hilfe von Verben und Adverbien als handelnde Subjekte auftreten, z.B. Estee Lauder Signature Hydra Lipstick: *„Cremige Farbe verführt die Lippen."* oder *„Autos lieben Shell."*[171]

5.2.3 Stilistische Gestaltung

Stilistik beschäftigt sich mit dem Stil von diversen Bereichen. Bei der Stilistik geht es nicht um eine Sache oder einen Sachverhalt, sondern es handelt sich um ihre Gestaltung. In Bezug auf Sprache wird in der Stilistik nicht der inhaltliche Aspekt behandelt, vielmehr interessiert sie sich für die Art und Weise des Formulierens einer Aussage. Ein Sprachstil wird erst dann erkennbar, wenn bestimmte Formulierungen kennzeichnende lexikalische oder syntaktische Gestaltungsmerkmale enthalten. Diese Stilmerkmale werden durch zahlreiche Einflussfaktoren geprägt, insbesondere durch individuelle Spracheigenarten. „Der Sprachstil ist daher häufig individueller Ausdruck des Sprechers. [...] Deutliche stilistische Unterschiede findet man [...] auch in der gewöhnlichen individuellen Kommunikation und in den Massenkommunikation. [...] Stilistische Unterschiede

171 Römer, Sprache der Anzeigenwerbung, S. 173-201.

entstehen durch unterschiedliche Aufgaben des Stils im Anwendungszusammenhang. [...] Besonders deutlich wird die funktionale Aufgabe des Stils bei der Werbung. Werbewirksamkeit wird nicht allein durch überzeugende Inhalte erzielt. Einen wesentlichen Beitrag leistet ihre Form. Werbung muss einerseits verständlich und einprägsam sein, andererseits ansprechend und anregend."[172]
Also besteht die Aufgabe der Stilistik darin, Hinweise zu entwickeln, wie Werbeaussagen zu gestalten sind. Dafür steht eine umfangreiche Palette an Stilmitteln zur Verfügung:

-„Stilmittel im Rahmen der Syntax, z.B. Satzlänge, Satzgefüge und die Wortstellung im Satz;

-Stilmittel im Rahmen der Grammatik, z.B. stilistische Besonderheiten der Tempusformen und Modi sowie der gezielte Einsatz des Aktivs und Passivs;

- Stilmittel der Lexikologie, z.B. Bildlichkeit im Wortschatz als Stilmittel;

- Stilmittel der Rhetorik, z.B. Lautmalerei und fließender, tänzerischer oder trommelnder Rhythmus als klangliches Ausdrucksmittel."[173]

Weiter heißt es bei Behrens: „Diese Stilmittel können vielfältig variiert und kombiniert werden. Der kreative Gestaltungsspielraum der Stilbildung ist groß. Er wird in der Werbung durch das Ziel der wirksamen Beeinflussung begrenzt. Der Stil soll die Beeinflussung unterstützen. Das gelingt besonders gut durch die Stilbildung der rhetorischen Figuren oder der Stilfiguren."[174]
Die meisten Stilfiguren in der Werbung entstehen, wie in der Gegenwartssprache, durch Abweichungen vom normalen Wortgebrauch. Diese werden als *lexikalische Stilfiguren* bezeichnet. Des weiteren sind auch diejenigen Stilfiguren verbreitet, die durch Abweichungen von der normalen Satzverwendung entstehen. Sie werden *syntaktische Stilfiguren* genannt. Daneben sind in der Werbung Stilfiguren zu finden, die durch besondere Anordnungen von Wörtern, Satz- und Textteilen entstehen. Diese bezeichnet Behrens als *Figuren der Wiederholung* und als *kompositorische Figuren.*[175]

---

172 Behrens, Werbung, S. 86 f.
173 Sowinski, 1978. Nach: Behrens, Werbung, S. 87.
174 Behrens, Werbung, S. 87.
175 Ebd., S. 87.

5.2.3.1 Lexikalische Stilfiguren

Lexikalische Stilfiguren entstehen vor allem durch eine gezielte Wortwahl (Neubildung, Fremdwort/Fachwort, Superlativ/Hyperbel) sowie das Ausschöpfen der Gestaltungsmöglichkeiten beim Ersatz und bei der Umwandlung der Wörter (Periphrase, Paraphrase, Euphemismus, Metapher, Entkonkretisierung, Personifizierung).

-*Neubildungen* (Neologismen) entstehen am häufigsten durch neue Wortzusammensetzungen, aber auch durch echte Neubildungen. Des öfteren kommt es zu Neubildungen bei den Produkt- oder Markennamen.

-*Fremd-* oder *Fachwörter* können, ohne wirklich genau verstanden zu werden, eine exotisch vornehme, etwas verzaubernde Atmosphäre entstehen und das Produkt etwas glanzvoller und eine Spur besser als in Wirklichkeit erscheinen lassen.[176] Aber neben der Funktion, einen vornehmen oder exotischen Charakter zu vermitteln, kann die Benutzung von Fremd- und Fachwörtern auch den Zweck haben, den Eindruck von Wissenschaftlichkeit zu hinterlassen.[177] Dieser Prinzip wird oft in Bezug auf Produktnamen verwendet. Damit soll die fachliche Kompetenz des Herstellers und des Produktes betont werden. Behrens behauptet jedoch, dass Fremd- und Fachwörter mit Vorsicht eingesetzt werden sollten, weil sie das Verständnis des Textes erschweren, z.B. *Biotherm Multi Recharge Gensing Vitamin E LSF 15* oder *Anti-Aging*. Fach- und Fremdwörter sind in der Werbung relativ häufig anzutreffen. In der Parfümwerbung tauchen beispielsweise französische oder englische Begriffe auf, die nicht auf Verständlichkeit basieren, sondern ein angenehmes Flair für das Produkt erzeugen sollen, z.B. Armani Code: *„The secret code of woman"*, Dior j'adore: *„Le feminin abolu"*, Hypnôse: *„Le nouveau parfum masculin"* usw.

-Der *Superlativ* gilt häufig noch als das am meisten typische Mittel der Werbung, das ihr Wesen am besten kennzeichnet. Tatsächlich wird er jedoch nicht so häufig verwendet und wenn, dann selten als grammatischer Superlativ (die zweite Steigerungsstufe des Adjektivs), sondern eher durch steigernde Ausdrücke, die beispielsweise durch Zusätze (sehr, äußerst, gewaltig) oder Wortverbindungen

---

176 Koppelmann, Udo: Produktwerbung, 1981. Nach: Schierl, Text und Bild in der Werbung, S. 149.

177 Ebd., S. 149.

(*goldrichtig, supermodern, federleicht*) gebildet werden. Dadurch erhält man häufig Übertreibungen (*Hyperbeln*). Die Zurückhaltung in der Werbung bei den Superlativen und Hyperbeln hat verschiedene Gründe, darunter vor allem, da sie häufig Unglaubwürdigkeit ausstrahlen.

-*Periphrase* ist die Umschreibung eines Begriffs, einer Person oder Sache durch kennzeichnende Merkmale, z.B. das Merkmal der *Allmächtige* als Umschreibung für *Gott*. Dadurch können bestimmte Eigenschaften hervorgehoben werden.

-*Paraphrase* ist die Umschreibung eines sprachlichen Ausdrucks mit einem anderen Wort oder Ausdruck. Hierzu zählt auch die Umschreibung von Reizwörtern, z.B. die Umschreibung von *Toter* durch *Heimgegangener*. Auch beschönigende, positiv verhüllende Umschreibungen sind möglich, z.B. *vollschlank* für *dick*. Die Paraphrase wird in diesem Fall zu einem *Euphemismus* (verschönernde Umschreibung).

-*Metaphern* sind Schein-Synonyme. Damit wird ein Ausdruck durch einen sinnähnlichen bildhaften Ausdruck ersetzt. In der Werbung wird versucht, durch lebendige Metaphern Werbeinhalte zu verdeutlichen, so Esso: „*Pack den Tiger in den Tank.*“ (Tiger – Benzin).

-Durch *Entkonkretisierung* werden konkrete Produkte und Handlungen abstrahiert. Die Werbeargumentation wird dadurch auf eine andere Ebene gehoben. Hier wird stilistisch berücksichtigt, dass nicht das konkrete Produkt entscheidend ist, sondern die damit verbundene Symbolfunktion, z.B. Groh: „*Ein Lächeln schenken*“ (anstatt Freude bereiten).[178]

5.2.3.2 Syntaktische Stilfiguren

Syntaktische Stilfiguren in der Werbung beziehen sich auf fehlende oder unvollständige Interpunktion oder Formen, die durch Abweichungen vom normalen Satzbau, insbesondere durch Störungen der Satzstruktur (Anakoluth, Ellipse), durch Abweichungen bei der Anwendung von Satzarten (rhetorische Frage) und durch Wortspiele (Mehrdeutigkeit, Paradoxon) entstehen. Cölfen stellt in seiner linguistischen Untersuchung der deutschen Werbeanzeigen von 1960 bis 1990 fest, dass die Zahl der Sätze in den Werbeanzeigen im Laufe der drei Jahrzehnte

178 Ebd., S. 149.

gesunken sei und im Gegensatz dazu die Satz- und Wortlänge gleichzeitig länger geworden sei.[179] Bezieht man die Ergebnisse von Cölfen auf Sex-sells-Anzeigen, so ist festzustellen, dass ein Zusammenhang zwischen seinen Ergebnissen und Sex-sells eher weniger ausgeprägt ist.

- Störungen des Satzbaus (*Anakoluth*) kommen in der Umgangssprache, aber auch in der Werbung häufig vor. Beispiele hierfür sind die Trennung zusammengesetzter Satzteile sowie Einschübe und Umstellungen. Im Slogan „*Konica. Macht einfach gute Fotos*" wird der Produktname abgetrennt und damit hervorgehoben.
- Auslassungen (*Ellipsen*), z.B. von Wörtern oder Satzteilen, können als ein Spezialfall von Störungen des Satzbaus angesehen werden. Sie sind in der Werbung verbreitet, z.B. „*Bei Heuschnupfen – Ratiopharm*". Die ausgelassenen Teile beeinträchtigen nicht die Verständlichkeit dieser Formulierungen; häufig wird die Wahrnehmung und Einprägsamkeit sogar verbessert.
- Die *rhetorische Frage* ist eine Scheinfrage; sie ist eigentlich mehr eine Behauptung. Es wird darauf keine Antwort erwartet, z.B. Alice: *„Schon so lange telefoniert, bis es nichts mehr zu sagen gab?"*
- *Wortspiele* mit Mehrdeutigkeiten lockern den Text auf und können akzentuieren, z.B. der Slogan für Radeberger Pilsener: „*Liebe auf den ersten Schluck.*" oder Škoda Fabia: *„Schon eine Fahrt kann zu schönerem Verkehr führen."*
- *Paradoxa* sind scheinbar falsche Aussagen, die aber bei genauer Analyse häufig auf eine höhere Wahrheit hinweisen. Sie entstehen vor allem durch das Spiel mit wechselnden Bedeutungen. Dadurch kann die Aufmerksamkeit auf bestimmte Eigenschaften gelenkt werden, etwa „*Der Sorglos-Tarif – Sie zahlen nichts, die Volkswohl alles.*"[180]

5.2.3.3 Figuren der Wiederholung

In der Werbung wird die *Wiederholung* in vielen Varianten als Stilmittel eingesetzt. Sie taucht als einfache Wiederholung auf, wird verwendet, um Verbindungen herzustellen (Anapher, Alliteration, Kette), und entsteht durch das

179 Vgl. Cölfen, Werbeweltbilder, S. 97. Cölfen bezieht sich auf die Werbeanzeigen, in denen sowohl Text- als auch Bildanteile vorhanden sind.
180 Behrens, Werbung, S. 87-93.

Wiederaufgreifen eines Wortes.

-*Einfache Wiederholungen* findet man in vielen Werbetexten. Meistens wird der Markenname wiederholt, wodurch seine Wahrnehmbarkeit und Einprägsamkeit verbessert wird. Auffallender sind einfache Wiederholungen durch Aneinanderreihung, z.B. VW: „*Er fährt und fährt und fährt.*"

-Auf die Form der *Anapher* in der Schlagzeile wurde schon eingegangen. Ein Beispiel dafür ist die Schlagzeile für Bebe-Creme: „*Bebe pflegt mild. Bebe hält rein. Bebe macht frisch*".

-Durch die *Alliteration* entsteht eine rhythmusbetonte, leicht einprägsame Ausdrucksform. Sie wird durch Lautwiederholungen betonter Silben und Wörter gebildet, die im Rahmen eines Satzes direkt beieinanderstehen, so Vitel: „*Vitel weckt Vitalität*".

-In der *Kette* nimmt der folgende Satz einen Ausdruck des vorangegangenen wieder auf, z.B. „*Dash wäscht weiß, weißer geht's nicht*".

-*Die rhetorische Figur*, das Wiederaufgreifen eines Wortes, wird in der Werbung häufig zur Verdeutlichung und Betonung eines Satzes eingesetzt. In der Aussage *Marlboro Lights – die leichte Marlboro* wird „Marlboro Lights" durch eine Übersetzung verdeutlicht und gleichzeitig betont.[181]

5.2.3.4 Kompositorische Stilfiguren

Stilfiguren im kompositorischen Bereich entstehen durch die Anordnung von Aussagen, Sätzen und Texten nach bestimmten Regeln. Reime, Brüche und Gruppierungen sind hierfür typische Beispiele.

- *Reime* können als ein sekundärer Fall von Rhythmisierung aufgefasst werden. Der Rhythmus ist jedoch nur ein kennzeichnendes Merkmal der Reime. Auffallender ist die Lautgleichheit der Silben. Reime erhöhen die Einprägsamkeit, so C & A: „*Preise gut, alles gut!*"

- Durch *Brüche* werden Stilformen, der Lesefluss, Bildvorstellungen und die Gedankenführung unterbrochen. Es folgt ein abrupter Wechsel. Stilbrüche werden normalerweise vermieden, können aber auch bewusst als ein stilistisches Mittel eingesetzt werden. Sachliche Darstellungen können z.B. durch umgangs-

181 Ebd., S. 87-93.

sprachliche Kommentare aufgelockert werden, wie bei Vanderbilt Eau de Luxe: *„Der schönste Schmuck einer Frau ... Ihr Parfum.“*

- *Gruppierungen* werden durch bestimmte Wort- und Aussagekompositionen gebildet: *„Ritter Sport. Quadratisch. Praktisch. Gut“*.[182]

5.3 Textuelle Übertragung der sexuellen Inhalte bei der Gestaltung der Werbebotschaft am Beispiel von Werbekampagnen *Gib AIDS keine Chance*

Die Kampagnen *Gib AIDS keine Chance*, durchgeführt von der Bundeszentrale für gesundheitliche Aufklärung (BzgA), verfolgen ausnahmsweise kein kommerzielles Ziel.

Sie stellen eine etwas von der klassischen Art abweichende Möglichkeit dar, über die Thematik (in diesem Fall Problematik) Sex in der Öffentlichkeit zu reden. Hierbei handelt es sich um eine *Propaganda* und Aufklärung, versehen mit Appellen an Angst und Furcht. Die Anzeigen wurden wiederholt im Jahr 2008 in ganz Deutschland durch diverse Werbeträger im Großformat präsentiert. Es erschienen Printanzeigen, Plakate und sogar Postkarten.

Das Ziel der Kampagne besteht darin, einen möglichst hohen Anteil der Bevölkerung über die Nachteile von ungeschütztem Sex und über möglichst viele Geschlechtskrankheiten zu informieren. Die Zielgruppe sind „Männer mit häufig wechselnden Sexualpartnerinnen und -partnern.“[183]

Die Anzeige mit der Ausruf-Schlagzeile beinhaltet eine provozierende Feststellung *„Super, ich habe Syphilis!“* (Abb.7) und appelliert nicht nur an Angst, sondern ruft dabei negative, ekelerregende Gefühle hervor.

Trotz des spöttischen Charakters, der durch das Wort „super“ zur Geltung kommt, wirken die Schlagzeile, gestaltet in einer überdimensionalen Schrift, und die beißend-grüne Farbe des Hintergrundes erschreckend.

---

182 Ebd., S. 87-93.

183 Bundeszentrale für gesundheitliche Aufklärung: http://www.bzga.de/infomaterialien/postkarten-und-plakate-zu-sexuell-uebertragbaren-krankheiten/?uid=59168b1967eb076c09075a9482a47c03, [7.04.2013].

Abb.7: Gib AIDS keine Chance

Die weiteren Anzeigen dieser Kampagne beinhalten folgende paradoxe Schlagzeilen wie *„Geil, ich hab mir was geholt!“, „Herrlich, das ist Herpes“, „Toll, es ist ein Tripper“, „Cool, ich hab Chlamydien“, „Fantastisch, meine Feigwarzen“* und werden ebenso mit giftigen Farben versehen. Auch werden diverse Geschlechtskrankheiten genannt, die unter Umständen unbekannt sind. Durch Übertreibungen wie *geil, cool, toll, fantastisch* wird aus der Thematik kein Drama gemacht, sondern eine Hoffnung geäußert, die im Fließtext durch eine Erklärung für die Vorgehensweise bei der eventuell festgestellten Tatsache bestärkt wird: *„Wer sich „nur“ mit ...* [Krankheit] *angesteckt hat, ist vielleicht erstmal erleichtert. Denn trotz der möglichen schweren Folgen gilt bei rechtzeitiger Diagnose und Behandlung:* [Krankheit] *ist heilbar. HIV und Aids nicht. Kondome schützen vor HIV und Aids. Und sie helfen, andere sexuell übertragbare Krankheiten, wie Syphilis, Tripper, Feigwarzen und Hepatitis, zu vermeiden, die sich zunehmend ausbreiten. Verdacht auf eine Ansteckung? Dann helfen Beratung, Untersuchung und – wenn nötig – Behandlung. Das gilt auch für die Sexualpartner! Mehr Informationen [...].*“

Der Text behandelt die wichtigsten Aspekte und ist in einem beruhigenden Tonfall gehalten. Diese „nur harmlosen“ Krankheiten sind heilbar, HIV – nicht. Das solle man bei dieser Anzeige bedenken! Die Farbe sorgt dagegen eher für Unruhe.

Tatsächlich wird der Rezipient mit einem der größten gesellschaftlichen Probleme konfrontiert, das auf der einen Seite „unter die Gürtellinie greift“, andererseits aber vielen als eine Selbstverständlichkeit erscheint. Doch diese Problematik wird oft in der „Euphorie“ gerne vergessen (grade in der Zeit von „freien Beziehungen“). Sex wird hier nicht als Sünde angesehen, doch wird darauf gesetzt, einen verstärkten Anstoß zum Nachdenken zu geben und somit die Bevölkerung durch Aufklärung zu schützen.[184]

184 Vgl.: http://www.gib-aids-keine-chance.de/aktionen/keinechance/index.php [6.10.2008].

6. Bild in der Werbung. Darstellung von Erotik in den Sex-sells-Printanzeigen

„Ein Bild sagt mehr als Tausend Worte."

Sich die Welt ohne Bilder vorzustellen, scheint für die moderne Gesellschaft unmöglich zu sein. Da Informationsüberlastung ein zentrales Problem der heutigen Gesellschaft ist, gewinnt die visuelle Gestaltung von Werbemitteln eine immer größere Bedeutung.[185]
Bilder als Zeichen und somit Bedeutungsträger werden durch die Semiotik untersucht. Die Voraussetzung für den Einsatz eines Zeichens oder Bildes ist sein Bekanntheits- und Wiedererkennungswert, denn nicht alle Zeichen können von jedermann verstanden werden. Im Gegenteil befasst sich die Pragmatik mit der Anwendung und dem Zweck der bildlichen Zeichen. „Zeichen sollen durch das Weitergeben von Informationen Handlungen auslösen, Verhaltensweisen und Meinungen beeinflussen, Denkanstöße geben und die Gefühlslage der Nachrichtenempfänger verändern. Sie sind die knappste und kompakteste Art und Weise, um Botschaften zu übermitteln oder um Botschaften zur Verfügung zu stellen."[186]
Am Anfang jedes Bildes steht eine Botschaft, die in eine grafische Darstellung umgewandelt wird.[187] Ein Bild erfüllt laut Werbepsychologie die Funktion des *Blickfanges*.[188] Auch wenn Sprachwissenschaftler eher eine kritische Haltung zu Bildern einnehmen, spielt das Bild in der Werbung eine bedeutende Rolle. „Um ein Bild mittlerer Komplexität so aufzunehmen, dass es später wieder erkannt werden kann, sind 1,5 bis 2,5 Sekunden erforderlich. In dergleichen Zeit können ca. zehn Wörter aufgenommen werden. Diese vermitteln aber wesentlich weniger Information über einen Sachverhalt als ein Bild."[189] Und weiter: „Durch gezielte Werbestrategien mit Bildern können so genannte Gedächtnisbilder entstehen, durch die Firmen und Marken mit klaren bildlichen Vorstellungen verbunden

---

185 Vgl. Behrens, Gerold/Hinrichs, Alfred: Werben mit Bildern. Zum Stand der Wahrnehmungsforschung. In: Werbeforschung & Praxis, Nr. 3, 1986, S. 85.
186 Arens, Funktion und Gestalt von Werbung, S. 360.
187 Vgl. Muckenhaupt, Manfred: Text und Bild. Grundlagen der Beschreibung von Text-Bild-Kommunikationen aus sprachwissenschaftlicher Sicht, Tübingen 1986, Vorwort, S. XV.
188 Römer, Sprache der Anzeigenwerbung, S. 26.
189 Kroeber-Riel/Esch, Strategie und Technik der Werbung, S. 19.

werden."[190] Bilder werden mit geringerer gedanklicher Beteiligung und Anstrengung aufgenommen: „Die geringe Anstrengung, die mit der Aufnahme und Verarbeitung von Bildern verbunden ist, führt dazu, dass Bildinformationen vor allem von wenig involvierten Empfängern bevorzugt werden, die sich gedanklich nicht anstrengen wollen. Da Werbung überwiegend mit solchen Rezipienten zu tun hat, steigt die Tendenz der Werbebranche zur bildlichen Darstellung. Bilder haben einen größeren Erlebnis- und Unterhaltungswert als sprachliche Informationen, sie aktivieren stärker und werden besser erinnert."[191]

Bilder gelten als das „bestimmende Gestaltungselement der emotionalen Werbung".[192] Besonders geeignet für die bildliche Darstellung von emotionalen Inhalten sind Abbildungen von Personen und deren erotische Darstellung in einer „fiktiven Werbewirklichkeit".[193] Bilder in Werbeanzeigen, die als angenehm empfunden werden, schaffen ein positives „Wahrnehmungsklima".[194] Darüber hinaus sollte bei den Sex-sells-Printanzeigen darauf geachtet werden, dass bildliche Darstellungen dem Produktimage nicht schädigen.

Zusammenfassend lässt sich sagen, dass das Bild in der Werbung „ein bedeutender Konkurrent des Wortes"[195] ist. Trotzdem werden bloße Abbildungen der Waren in den meisten Fällen von sprachlichen Elementen wie Marken- oder Produktnamen begleitet.[196] Außerdem können Bilder auch das Verständnis der sprachlichen Werbeinformation verbessern und so die Akzeptanz erhöhen.[197] Als ein weiterer wichtiger Aspekt erscheint die Tatsache, dass Bilder (sofern keine speziellen Zeichen verwendet werden) allgemein verständlich sind und räumliche Phänomene abbilden können.[198]

---

190 Janich, Werbesprache, S. 61.
191 Kroeber-Riel/Esch, Strategie und Technik der Werbung, S. 20.
192 Monzel, 99 Tipps, S. 44.
193 Franke, Erotik in der Werbung, S. 107 f.
194 Behrens/Hinrichs, Werben mit Bildern, S. 86.
195 Römer, Sprache der Anzeigenwerbung, S. 25.
196 Vgl.: Römer, Sprache der Anzeigenwerbung, S. 25 f.
197 Vgl. Behrens/Hinrichs, Werben mit Bildern, S. 86.
198 Schierl, Text und Bild in der Werbung, S. 286.

6.1 Geschlechtsspezifische Bilder in der Werbung

Der Ausgangspunkt dieses Kapitels liegt darin, dass in Sex-sells-Anzeigen überwiegend Personen dargestellt werden und in der Gesellschaft deutlich zwischen Männern- und Frauenrollen unterschieden wird.

Zum Thema der Geschlechtsdifferenzierung erschienen in den letzten Jahren mehrere wissenschaftliche Studien. Dennoch wird meistens über die Geschlechterrolle der Frau und ihre Beschränkungen gegenüber derjenigen des Mannes diskutiert.[199] Geschlechtsdifferenzierung ist ein biologisch bedingter Begriff, der in der englischsprachigen Literatur als Terminus „Gender" definiert wird und sich auf die gesellschaftlichen Merkmale der Geschlechter bezieht. Das Wort „Sex" dagegen bedeutet im Englischen das körperliche Geschlecht. „Die deutsche Sprache lässt eine solche Unterscheidung zwischen biologischem (sex) und sozialem (gender) Geschlecht leider nicht zu."[200]

Das Interesse an psychologischen Geschlechtsdifferenzen hat die amerikanische Frauenbewegung in Gang gesetzt. Sie betonte die unterschiedliche Behandlung der Männer und Frauen in der Gesellschaft. Als Folge davon wurde der Begriff „Sexismus" (Analogie zu 'Rassismus') gebildet, der die Unterdrückung und Diskriminierung der Frauen durch Männer bedeutet.[201]

„Da ein Teil menschlicher Erfahrungen aus den Massenmedien gespeist wird",[202] werden hier Geschlechtsstereotypen oder klischeehafte Darstellungen zur Männlichkeit und Weiblichkeit dargeboten. „Medien stellen Männer und Frauen nicht bloß dar, sondern sie produzieren auch Vorstellungen darüber, wie Männer und Frauen sind. Sie liefern Bilder von \`richtigen\` Männern und \`attraktiven\` Frauen."[203]

Seit der Emanzipation von Frauen in einem Großteil der Erde sind die gesetzlich vorgeschriebenen Differenzierungen zwischen den beiden Geschlechtern nicht mehr allzu groß. Dennoch bedient sich die Gesellschaft immer noch der alten, etablierten Klischees. Da Werbung sich dieser in der Gesellschaft vertretenen Moralvorstellungen bedient, werden uns immer noch die klassischen Männer- und

199 Vgl.: Hastenteufel, Bild von Mann und Frau in der Werbung, S. 16.
200 Ebd., S. 19.
201 Vgl. ebd., S. 21.
202 Ebd., S. 13.
203 Foerster, Edgar J.: Männlichkeit und Macht in der Werbung. In: Medienimpulse 12/1995, S. 18.

Frauenrollen vorgeführt. Dennoch haben sich auch diese Klischees verändert, da in der Werbung gilt: etwas Neues erregt die Aufmerksamkeit. Darüber hinaus entstehen auch in den Sex-sells-Anzeigen Darstellungen von *neuen Männern* und *neuen Frauen.*

Zahlreiche empirische Medienanalysen befassen sich mit dem Bild der Geschlechter in den Medien. Unter diesem Aspekt wurden Kino, Literatur, Zeitungen und Zeitschriften auf die Darstellung der beiden Geschlechter in der Werbung untersucht.[204] Da Frauen in der Werbung weitaus häufiger als Männer dargestellt werden, existieren auch deutlich mehr Analysen zur Untersuchung von Frauenbildern als von Männerbildern.

Unter den 290 Werbeanzeigen mit erotischen Stimuli bilden die Darstellungen von Frauen die klare Mehrheit (65 Prozent aller Anzeigen). Danach folgen die Abbildungen von Paaren (17,5 Prozent) und von Männern (10,5 Prozent).

Im nächsten Kapitel wird versucht, die Darstellung von Männern und Frauen in den Sex-sells-Anzeigen möglichst klar aufzuzeigen. Da Bilder bedeutende Gestaltungselemente einer Werbeanzeige sind und aus sprachwissenschaftlicher Sicht als „codierte Botschaften" verstanden werden, die gesellschaftliche Wertvorstellungen vermitteln, ist es für die vorliegende Untersuchung von großem Interesse, die modernen Werbestereotypen von Mann und Frau zu analysieren.

---

204 Näher dazu: Hastenteufel, Bild von Mann und Frau in der Werbung, S. 5869.

6.1.1 Frauenbilder

Abb.8: Collage, Frauenbilder in der Werbung

Das Bild einer Frau in den Medien ist ein oft anzutreffendes Motiv, das Männer wie Frauen ansprechen soll.[205] Der prozentual bedeutende Vorsprung der Frauenabbildungen in den Sex-sells-Anzeigen wurde schon erwähnt. Dazu lässt sich anmerken, dass Frauen in den Sex-sells-Anzeigen im Alter zwischen 18 und 40 dargestellt werden, schlank sind und jung und vital wirken. An dieser Stelle muss erwähnt werden, dass in vielen Untersuchungen zum Thema Frauenbilder das Kriterium der frauenfeindlichen Werbung recht kontrovers behandelt worden ist. Analysen solcher Art stammen aus den 70er und 80er Jahren, einer Zeit, in der Werbung eine neue Gestalt angenommen hatte und mit Frauen vermehrt und insbesondere im Kontext von Sex-sells geworben wurde.

Auf der anderen Seite wurden Frauen im Gegensatz zu Männern in den 60er und 70er Jahren im Zusammenhang mit Arbeiten im Haushalt dargestellt. 1980 erschien eine Bild- und Textsammlung von Schmerl, in der sich die Autorin und ihre Mitautoren mit der Problematik der „frauenfeindlichen Werbung" ausführlich auseinander setzten und zu beweisen versuchten: „Jede Werbung, die Frauen als Köder, als Lockvögel benutzt (immer jung, immer schön, immer attraktiv), um auf

205 Feldmann (1965); Steadman (1969). Nach: Hastenteufel, Bild von Mann und Frau in der Werbung, S. 86 f.

beliebige Produkte aufmerksam zu machen, ist frauendiskriminierend."[206] Tatsächlich lassen sich in den 60er Jahren Werbeanzeigen finden, die Frauen in diskriminierenden und abwertenden Situationen darstellen. Werbung der letzten Jahre wird stark kontrolliert, gewisse Grenzen wurden ihr gesetzt, was durchaus für eine gewisse, mittlerweile stattgefundene Entwicklung spricht. „Frauenfeindliche Werbung" kann also aus verschiedenen Perspektiven in Frage gestellt werden. Die Frau war und ist das „schöne" Geschlecht. Warum sollte man dies vermeiden und dies auf sich nicht wirken lassen?

Das Bild einer modernen Frau unterscheidet sich von dem in früheren Jahrzehnten. Hastenteufel definiert das Erscheinungsbild einer Frau in den 70er Jahren so: „Die Werbefrau ist Hausfrau, Mutter, Geliebte und Sexual-Objekt für den Mann. Sie verschönert das Heim und macht ihren Lieben das Leben angenehm. Sie führt ein von Langeweile, Schmutz und Sorgen befreites Arbeitsleben und hat genug Freizeit, um sich ausgiebig ihrer äußeren Erscheinung widmen zu können. Sie ist abhängig vom Mann, bedarf seines Schutzes. Das äußert sich darin, dass sie selten in Gesellschaft von Frauen, meistens in Begleitung des Mannes oder im Familienverband anzutreffen ist. Berufstätigkeit ist nur eine Randerscheinung ihres Lebens und findet ihre Konkretisierung allenfalls in wenigen untergeordneten oder exklusiven Berufen."[207] Diese Aussage kann man nach fast 30 Jahren teilweise bestätigen, denn „eine völlige Gleichberechtigung von Männern und Frauen wurde bis zum heutigen Tage nicht [100 %] erreicht."[208]

Doch im Unterschied zu den früheren Werbeanzeigen sind die modernen Frauen in der Werbung selbstbewusster und stärker geworden. Schon in den 80er Jahren verschwand der Begriff der Hausfrau; nun blieb es offen, wer im Haushalt wäscht, kocht und bügelt.[209] Aus nur einer Hausfrau ist im Wandel der Jahre eine unikate Frau geworden: Sie ist Karrierefrau, Mutter, Geliebte und Freundin zugleich, die immer lustig und zärtlich ist und dabei weiblich bleibt. Sie ist dynamisch und erfolgreich. Obwohl eine offensichtliche Berufsbezeichnung einer Frau in der Werbung, insbesondere bei Sex-sells, verschwiegen wird, entspricht es dem heutigen Zeitgeist, dass jede „vollwertige" Frau berufstätig ist. Je erfolgreicher

206 Schmerl, Frauenfeindliche Werbung, S. 6.
207 Hastenteufel, Bild von Mann und Frau in der Werbung, S. 96.
208 Arens, Funktion und Gestalt von Werbung, S. 320.
209 Cölfen, Werbeweltbilder, S. 156.

ihre Karriere verläuft, desto luxuriöser ist ihr Erscheinungsbild. Eine Übereinstimmung mit Hastenteufel ist auch in aktuellen Werbungen zu entdecken: Attraktivität und Schönheit sind ein Muss für eine moderne Frau (in der Werbung). Diese Begriffe lassen sich von einer Frau nicht trennen, im Gegenteil: sie bekamen eine erweiterte Bedeutung. Attraktivität und Schönheit (somit auch Sexappeal) sind die heutigen Äquivalente für Selbstbewusstsein und Selbstwertgefühl. Fühlt sich eine Frau attraktiv, steigt ihr Selbstbewusstsein, das ihr in vielen Sachen helfen kann: Sie ist glücklich und somit erfolgreich im Beruf und Privatleben.

„Unabhängig davon, wie oft die Frau in der Werbung auftritt, wird sie als Hauptadressatin der Werbung angesehen, und zwar deshalb, weil sie die dominierende Rolle im Konsumbereich innehaben soll.“[210]

6.1.2 Männerbilder

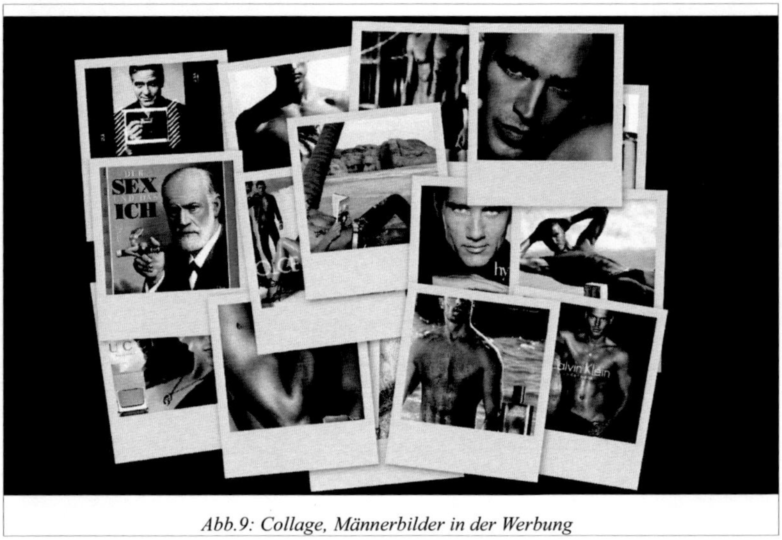

Abb.9: Collage, Männerbilder in der Werbung

Das Bild eines Mannes in der Werbung ist erst in den letzten Jahren in den Blickpunkt gerückt. Dies hängt damit zusammen, dass Werbung individueller geworden ist und jeden einzelnen Rezipienten ansprechen möchte.

210 Hastenteufel, Bild von Mann und Frau in der Werbung, S. 87.

Männer, speziell in Sex-sells-Anzeigen, werben ebenso wie Frauen für Pflege- und Beautymittel, Unterwäsche, Luxusartikel und Autos. Doch die erotischen Darstellungen von Männern in der Werbung sollen u.a. auch Frauen ansprechen, die für ihre Partner die beworbenen Produkte erwerben sollen. Bestes Beispiel dafür ist die Parfümwerbung Davidoff Cool Water. Die Anzeige ist an Frauen gerichtet, die den attraktiven Mann mit dem Duft verbinden und auf ihre Partner übertragen.[211]

Unter anderem erfüllt Werbung mit Männerbildern eine Funktion der Darbietung von Vorstellungen. Vergleichbar mit Frauen betrachten Männer deren Darstellungen in der Werbung und erfahren, wie sie sind oder sein sollen. Der moderne Mann in der Werbewelt zeichnet sich durch seine Reife, Härte und Kraft aus. „Insgesamt lassen sich als Charakteristika männlicher Personen in der Werbung feststellen: Erfolgreiche Berufstätigkeit in einer Vielzahl von Berufen, Erfolg bei Frauen, emotionale und geistige Überlegenheit über sie (Männer sind selbstbewusster, weniger ängstlich, intelligenter) [...].“[212] Ebenfalls sind auch die modernen Männer attraktiv und sexy, und dies unabhängig von ihrem Alter. Männer wirken erotisch durch ihr Lächeln, ihre Blicke, ihren durchtrainierten Körper, ihre Reife und ihr graues Haar (z.B. Werbeanzeigen für Nespresso-Kaffee und Kaffeemaschinen mit George Clooney zeigen den Schauspieler, der für viele Frauen und Männer als Synonym für Sexappeal gilt, bekleidet. Sein Auftreten erscheint auf Grund seines Äußeren sexy und ansprechend).

Geht man zurück zu den Anfängen der sexistischen Werbung in den 70er und 80er Jahren, so ist festzustellen, dass Werbung in dieser Zeit Männer in ihrer ausgeprägten Dominanz und Überlegenheit den Frauen gegenüber zeigte. Es galt: „Männerwerbung braucht Adjektive wie: energisch, unerschrocken, dynamisch, kraftvoll, klar, beherrscht, selbstsicher, stark und mächtig – so sind die Männer und so ist auch ihre Warenwelt.“[213] Die moderne Werbung zeigt Männer, die von emanzipierten Frauen erzogen worden sind: Sie können kochen (CMA) und putzen (BSR-Werbekampagne *Wie zu Hause. Nur größer.*); sie können nicht nur wichtige Berufe ausüben, sondern auch auf die Kinder aufpassen (Urpils *Mutter schafft*); sie benötigen ebenso Parfüm und Pflegemittel, stehen stundenlang vor

211 Vgl. Online-Interview der Verfasserin mit Norman Grüger (Leiter Marketing bei der Bayerischen Akademie für Werbung und Marketing – BAW) am 16.06.2008, Anhang.
212 Hastenteufel, Bild von Mann und Frau in der Werbung, S. 94.
213 Falconnet, G./Lefaucher, N. Nach: Schmerl, Frauenfeindliche Werbung, S. 32.

dem Spiegel. Sie lieben es, zu glänzen und attraktiv zu wirken.

Das Fazit lautet: Mann und Frau in den modernen Sex-sells-Anzeigen sind sich sehr ähnlich: Sie werden halbnackt als Blickfang dargestellt, werben für vergleichbare Produkte und vertreten analoge Werte. Der Mensch in der Werbung wird zum größten Teil idealisiert. Unerreichbare Schönheitsideale sind jung, schlank, gut aussehend, gepflegt, gesund, vital, sympathisch, freundlich, optimistisch und immer glücklich, unabhängig davon, ob Mann oder Frau.[214] Diese Darstellungen nehmen im Laufe der letzten Jahre einen realistischeren Charakter an. Die DOVE-Kampagnen brachen mit dem typischen Rollenbild einer Frau, und es scheint die richtige Zeit zu sein, neue Bilder von Männern zu kreieren.

Trotz der Geschlechtsdifferenzierung erscheint Sexappeal in der Werbung als ein Kriterium der Zugehörigkeit zur modernen Gesellschaft – zur „GENERATION SEXY“ – zu sein.[215]

6.2 Radikale Sex-sells-Kampagnen und ihre Grenzen. Untersuchung der Werbekampagnen von *Benetton* und *Diesel*

Da Sex-sells in den 60er und 70er Jahren eine ziemlich neue Marketingstrategie auf dem Werbemarkt darstellten, erzielten Bilder mit erotischen Stimuli einen anderen Effekt als in der Gegenwart. Die Tendenz, bloße Nacktheit darzustellen, rief in den Anfangsjahren ein Interesse beim Rezipienten, eine Neugierde an der offenen, radikalen Präsentation der Sexualität in der Öffentlichkeit hervor. Im Laufe der Jahre wurde Sexappeal sehr oft in verschiedensten Variationen dargeboten, so dass die Konsumenten auf das Thema zusehends weniger reagieren und sich sogar gegen Produkte entscheiden, die mit Sex und Erotik warben.

Sex nahm einen zusehends banalen Charakter an, es ist nichts Besonderes mehr.[216] Deswegen fällt es den Werbemachern schwer, die Konsumenten mit Sex-sells zu erreichen. Dadurch, dass die Themen Sex und Erotik seit mehreren Jahrzehnten die Gesellschaft beschäftigen, werden Sex-sells-Anzeigen trotz der hohen Wahrscheinlichkeit, unbeachtet zu bleiben, immer wieder ausprobiert.

Neben der klassischen Werbung mit Sex-Sexappeal erschienen in den 90er Jahren

214 Vgl. Hastenteufel, Bild von Mann und Frau in der Werbung, S. 266.

215 Covertitel, VANITYFAIR, Nr. 26, 6.6.2007.

216 Vgl. Interview der Verfasserin mit Andreas Thomsen, Besitzer der Werbeagentur Schuster Thomsen Röhle Communications, am 25.8.2008, Anhang.

Sex-sells-Werbekampagnen, die Sex und Erotik in einen etwas anderen Kontext stellten: „Diese Werbemaßnahmen machen sich neben der Darstellung des Produktes moralische Codes und Werte ihrer sozialen Umwelt zu Eigen, kommunizieren also im Vorder- und Hintergrund des Produktbezugs moralische Botschaften mit. Sie versuchen also vermeintlich selbst moralische Diskurse anzustoßen.“[217] Teils wurden diese Kampagnen so radikal gestaltet, dass sie die Grenzen der Duldung beim Rezipienten überschritten und somit regelrechte Skandale provozierten. Werbung solcher Art bleibt lange in Erinnerung und gehört zu den auffälligsten und am meisten untersuchten Werbekampagnen der Welt.

Ein ausgezeichnetes Beispiel einer „etwas anderen“ Werbung u.a. mit Sex-sells sind die Werbekampagnen von *United Colors of Benetton*. Vor Toscani arbeitete Benetton mit diversen Fotografen, die in den Anfangsjahren Sex-sells sogar als Werbestrategie für den Bekleidungskonzern festgelegt hatten. 1984 übernahm Oliviero Toscani die Verantwortung für die Werbekampagnen des Modeunternehmens Benetton. Durch seine spektakuläre Arbeit und die eigenständige Bildersprache der Werbeanzeigen machte Toscani die Firma zu den bekanntesten Modemarken der Welt. Toscani war der erste Fotograf, der sein soziales Engagement durch Werbung zeigte. Doch der Weg zum Ruhm war steinig.

Wippermann bezeichnet die Arbeit von Toscani als *Radikal-Schock-Werbung*, deren „Motive unter die Haut gehen“.[218] Toscani selbst äußert sich zu seinem Konzept: „Werbung geht auch darum, die Leute wachzurütteln.“[219] Unter diesem Motto präsentierte der Fotograf weltweit „schockierende Reportagefotos von tabuisierten Themen wie Aids, Migration, Todesstrafe, Rassismus, Hunger oder Umweltverschmutzung [...]. [Somit] markierte [er] eine Trendwende in der gesamten Werbeindustrie.“[220] Er stellt der gesamten Menschheit die Fragen: „Was ist ein Individuum?“ und „Wie sieht die reale Welt aus?“ Ziel von Toscani war es, die Neugierde der potenziellen Kunden zu wecken, sie dazu anzuregen, sich zu fragen, wie die Kleider aussehen, die auf der Anzeige nicht abgebildet sind und

217 Jäckel, Michael/Reinhardt, Jan D.: Aufmerksamkeitsspiele: Anmerkungen zu provokanter Werbung. In: Willems, Herbert (Hrsg.): Die Gesellschaft der Werbung. Kontexte und Texte. Produktionen und Rezensionen. Entwicklungen und Perspektiven, Westdeutscher Verlag, Wiesbaden 2002, S. 540
218 NRW-Forum, Radical Advertising, S. 14.
219 Toscani, Oliviero: In: NRW-Forum, S. 14.
220 Ebd., S. 96.

die durch das Logo United Colors of Benetton nur angedeutet werden.

In Verbindung mit Religion erschien 1991 die bekannte Anzeige von Toscani „Der Priester und die Nonne“ (Abb. 10), die Sexualität noch in einer unschuldigen Form zur Schau stellte. Ein Priester und eine Nonne finden sich zu einem romantischen Liebeskuss.

Abb.10: United Colors of Benetton, Der Priester und die Nonne, 1991

„Die Szene ist keusch, dennoch wurde das Plakat als öffentliches Ärgernis und als Verunglimpfung der Kirche verurteilt – schließlich stellt die Sexualität unter Geistlichen, mag sie auch in der Realität vorkommen, ein absolutes Tabu dar.“[221] Gezielte Provokation und Verletzung der religiösen Grenzen führten zu kontroversen Debatten. Diverse Institutionen mischten sich ein, um die Kampagne zu stoppen, andere befürworteten die Offenheit des Motivs. Auf diese Weise war die Marke immer im Gespräch. Die katholische Kirche hatte das Plakat sogar verboten, im Gegensatz zu England, wo das Bild mit dem „Eurobest Award“ ausgezeichnet wurde. Dadurch konnte Benetton hohe Kapitalsteigerungen erreichen, und Toscani erkannte seinen weiteren Werbeweg.

Das Jahr 1993 zeichnete sich in der Werbestrategie von Benetton durch ihre of-

221 Pagnucco Salvemini, Lorella: Toscani. Die Werbekampagnen für Benetton 1984-2000, München 2002, S. 50.

fensichtliche Radikalität, Sexualität und Nacktheit aus. Unter den Bestsellern von Toscanis Arbeiten in diesem Jahr findet man mehrere sex-bezogene Motive, die nicht nur mit moralischen Normen brachen, sondern auch für heftige Diskussionen und das letztendliche Verbot der Werbekampagnen sorgten.
Indem sich die Werbekampagne *HIV positive* gegen AIDS richtet, zerlegt sie den menschlichen Körper in anatomische Details und stempelt sie mit *HIV positive* ab (Abb. 11).

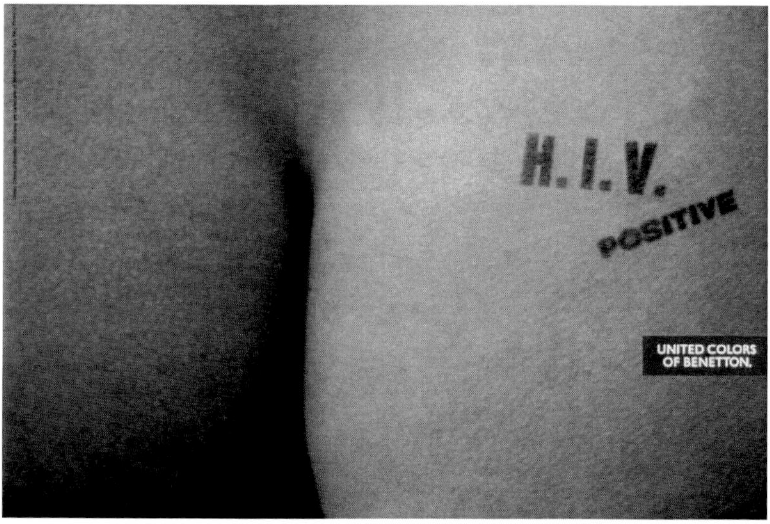

Abb.11: United Colors of Benetton, HIV positive, 1993

Toscani hat sich auf die Visualisierung des eigentlichen Produktes verzichtet. Stattdessen sind lediglich Körperteile zu sehen. Die Tätowierung an den menschlichen Körperteilen erinnert an den Stempel auf Tierkörpern, „ebenso an die Nummern, mit denen die Juden im Konzentrationslager gebrandmarkt wurden; sie symbolisiert auf diese Weise den Willen zur Vernichtung und Beseitigung, der die Patienten zum Tod verurteilt, ehe noch die Krankheit ihren verheerenden Lauf nimmt.“[222] Hier wird nicht das Produkt, sondern die Grundidee verkauft, die Gesellschaft über ihren Alltag und ihr Sexualleben nachdenken zu lassen. Der Werbefotograf spricht nicht von Illusionen, sondern von der wirklichen Welt. Die

222 Ebd., S. 115.

Kampagne appelliert an das soziale Gewissen und hat einen fürsorglichen Charakter. „Der Fotograf wollte die Gleichheit und Austauschbarkeit der Lebewesen im Hinblick auf ihre Geschlechtlichkeit vor Augen führen.“[223] „Gleichzeitig aber bediente er sich mit der Enthüllung des menschlichen Körpers der Nacktheit [...] auch als starker Metapher der Wahrheit.“[224] Und weiter: „Toscani hat im Grunde nichts anderes, als den unsichtbaren Stempel der Diskriminierung sichtbar zu machen, mit dem unsere mitleidlose Gesellschaft diese Menschen versieht.“[225] Die Kampagne sorgte für heftige Reaktionen wegen des Vorwurfs der Ausbeutung kranker Menschen zur Gewinnmaximierung.[226]
Die Allgemeinheit kritisierte und lobte Toscani und somit Benetton in der ganzen Welt. Durch die schockierenden Abbildungen und Reportagefotos, die nichts mit Mode zu tun hatten und mit dem grünen Logo versehen waren, stieg das Interesse vieler Rezipienten an der Urquelle der Bilder. Als Folge suchten die Kunden die Benetton-Läden auf, alles drehte sich um Toscani und Benetton.[227] Doch durch die ständigen Proteste, mit denen Benetton seit 1991 unaufhörlich konfrontiert war, haben sich der Besitzer des Konzerns und der werbetreibende Fotograf Toscani im Jahr 2000 zur Trennung entschieden.[228]

Ein weiteres Beispiel von Werbung mit erotischen Stimuli sind die Werbekampagnen des italienischen Kleidungsherstellers *Diesel.* Die Marke „greift auf die unglaublichen Werbeversprechen der 50er Jahre [Lifestyle] zurück und interpretiert sie in einer zeitgenössischen ironischen Art.
Das Unternehmen arbeitet international mit den jeweils kreativsten Agenturen zusammen und hat so für die Diesel-Werbung einen Stil entwickelt, der sich ständig wandelt und doch immer sehr „diesel“ ist: eine Welt, in der Sex, Intelligenz, Humor, Provokation, Exzentrik, Kitsch und die Produktbotschaft sich zu einem unterhaltsamen Ganzen fügen.“[229] Das Ziel der Marke besteht in der Vermittlung eines Lebensstils an den Konsumenten. Sex und Erotik sind hier

223 Ebd., S. 115.
224 Ebd., S. 111.
225 Ebd., S. 115.
226 Ebd., S. 116.
227 Kaznina, Elena: „Die Werbung ist ein lächelndes Aas“. Analyse der Werbeanzeige United Colors of Benetton „Sterbender Aids-Kranker“, Seminararbeit Heinrich-Heine-Universität Düsseldorf, www.hausarbeiten.de, 2004.
228 NRW-Forum, S. 96-
229 Ebd., S. 141.

Mittel zum Zweck, doch wird daraus „kein Drama gemacht". Die Marke zeigt Motive, die auf Lebenslust und Freude basieren.

Diesel spricht ebenso wie Benetton aktuelle Gesellschaftsthemen an, so die Kampagne 2007 „Global Warming Ready" (Abb. 12, 13), in denen durch die Kombination der Themen globale Erwärmung und Erotik für Kleider geworben wird.

Abb.12: Diesel, Bereit für globale Erwärmung, 2007

Die Anzeigensujets zeigen Modelle in Diesel-Kleidung, umgeben von einer Welt, in der der Wasserspiegel angestiegen ist und extrem hohe Temperaturen herrschen. Die Werbetreibenden von Diesel verfolgen mit der Behandlung des Themas „Globale Erwärmung" das Ziel, für die Tradition der Marke Aufmerksamkeit zu erzeugen und Diskussionen zu ernsten gesellschaftlichen Problemen auf ironische Weise anzustoßen.

Durch die Kampagne „Bereit zur globalen Erderwärmung" wird der Blick auf eine neue Welt gelenkt, in der sich wie in einer gewöhnlichen Welt Schönheit und Sexappeal wiederfinden.[230]

Die schockierenden Effekte der Erderwärmung sind nicht sofort zu bemerken,

230 Vgl. http://theinspirationroom.com/daily/2007/diesel-global-warming-ready/ [15.10.2008].

jedoch werden Details verwendet, die Alltagsszenen in einer Post-Erderwärmungswelt zeigen. Die Anzeigen präsentieren New York, das völlig unter Wasser steht, Venedig mit tropischen Vögeln (und nicht mit Tauben angefüllt), den Eiffelturm in Paris umgeben von Dschungel, ein überschwemmtes Rio de Janeiro und ein in eine Wüste verwandeltes Finnland. Parallel zu der Kampagne schloss Diesel eine Partnerschaft mit der Organisation Stop Global Warming und fördert somit die Suche nach gemeinsamen Lösungen gegen die Erderwärmung.[231] Trotz des sozial ausgerichteten Charakters der Kampagne wird sie vereinzelt auch kritisiert, so von Paul Harrison: „Diesel‘s Kampagne ist besonders ungeschickt [...] [und] offensichtlich selbstsüchtig.“[232]

Abb.13: Diesel, Bereit für globale Erwärmung, 2007

Renzo Rosso, Firmengründer und Inhaber von Diesel, äußerte sich zu seiner Werbestrategie wie folgt: „In der Werbung dreht sich alles ums Image. Das, was sie den Leuten zeigen, definiert ihre Marke, ihr Produkt, ihren Status und ihren Lifestyle. [...] Dabei spielt Ironie eine wichtige Rolle.“[233] Deshalb sucht die Krea-

231 Vgl. ebd. [15.10.2008].
232 Ebd. [15.10.2008].
233 NRW-Forum: Interview mit Renzo Rosso, Firmengründer und Inhaber von Diesel, S. 186.

tivabteilung von Diesel immer etwas Aktuelles aus[234] und verpackt es mit einer etwas ironischen Note. Diese Strategie scheint wohl die richtige zu sein, da die Werbeanzeigen von Diesel seit 30 Jahren immer wieder zu überraschen wissen und mehrmals ausgezeichnet wurden. Die Geschichte der Marke wurde sogar beim Edinburgh Festival präsentiert.[235]

Die erwähnten Werbekampagnen zeigen, dass weltweit bekannte Unternehmen in ihren Werbekampagnen nicht nur von Sex und Erotik Gebrauch machen, sondern diese Themen in Kontexten der gegenwärtigen Geschehnisse präsentieren. Sie zeigen sich nicht nur für Wirtschaft und Konsum verantwortlich, sondern kommunizieren die nicht-werblichen Inhalte, die in der Gesellschaft einen hohen Wert einnehmen. Somit wird ein doppelter Aufmerksamkeitserfolg erreicht. Die positive Auswirkung zeigt sich leider nicht in jedem einzelnen Fall. Wer bei seiner Arbeit Grenzen überschreitet, hat damit rechnen, dass sie auch auf Widerstand stößt.

234 Ebd., S. 187.
235 Ebd., S. 189.

7. Text trifft Bild

In der Werbung tragen Sprache, Bilder, Designs oder andere besondere Ausdrucksmittel zur Werbewirkung bei.[236] In der wissenschaftlichen Literatur wird immer wieder diskutiert, ob der Text oder das Bild von grundlegender Bedeutung sind. Eine ganze Reihe von Wissenschaftlern halten den Text für wichtiger, andere erklären das Bild zum unverzichtbaren Kommunikationsmittel der Werbung. Auch die Werbepraktiker vertreten unterschiedliche Ansichten. So halten manche Experten das Bild, manche den Text oder das Zusammenspiel von Text und Bild für bedeutend.[237]

In vielen Analysen werden Text und Bild als konkurrierende Gestaltungselemente einer Werbeanzeige angesehen. Betrachtet man den Text und das Bild isoliert, so ist festzustellen, dass Bilder einen tragenden Sinn besitzen und sogar in einer sprachwissenschaftlichen Untersuchung analysiert werden müssen, was besonders für die Beziehung zwischen Texten und Bildern gilt. In der vorliegenden Arbeit wird von der hohen Bedeutung beider Elemente ausgegangen; es soll aufgezeigt werden, in welchen Fällen das Zusammenspiel von Text und Bild eine Relevanz erlangt.

7.1 Text- und Bildrelationen in den Werbeanzeigen

Man könnte fast denken, dass Werbung auf die Sprache ganz verzichten und sich hauptsächlich des Bildes bedienen könne. Wenn man aber die beiden Kommunikationsmöglichkeiten miteinander vergleicht, so zeigt es sich, dass das Sprachliche bei weitem überwiegt, da „das Bild in der Werbung zumeist auf die Sprache angewiesen ist und immer wieder zu ihr zurückkehrt.“[238] Im Unterschied zu den klassischen Werbeanzeigen zeichnen sich Sex-sells durch ihre Sparsamkeit an textuellen Bestandteilen aus. Trotzdem soll in dieser Untersuchung die Text-Bild-Relation als Teil der möglichen Gestaltung einer Werbeanzeige betrachtet werden.

Ein Bild zeigt bestimmte Gegenstände, gibt einen Ausschnitt oder einen Moment wieder und legt sich somit fest. Mehr Freiraum ermöglicht das Wort: „Wörter

236 Römer, Sprache der Anzeigenwerbung, S. 23.
237 Vgl. Interviews mit Experten der Werbebranche.
238 Römer, Sprache der Anzeigenwerbung, S. 25.

können Bilder vor dem geistigen Auge des Rezipienten entstehen lassen und sie bieten weitaus mehr Informationsfreiraum als die visuellen Bilder selbst, so dass sich an ihnen in der Phantasie des Lesers mehr entzünden kann als an einer noch so schönen Darstellung."[239] Wörter sind mit impulsiven Signalen vergleichbar.
Durch Texte können u.a. temporäre Verhältnisse geklärt werden. Dadurch, dass Bilder den gegenwärtigen Augenblick darstellen, können sie kaum eine Visualisierung der Vergangenheit oder der Zukunft erzeugen. Hier kann der Text als stützendes Element genutzt werden, um die zeitliche Beschränktheit des Bildes zu erweitern.

Auf der anderen Seite können mit demselben Bild verschiedenste Kommunikationshandlungen durchgeführt und Unterschiedliches mitgeteilt werden. Bei manchen Darstellungen ist ein Text völlig überflüssig, weil sich das Bild selbst erklärt, indem es im Bewusstsein parallele Assoziationen hervorruft. Wird das Bild in einen anderen Kontext gestellt, kann die Anzeige einen spezifischen Sinn bekommen. Die Mehrdeutigkeit eines Bildes soll durch die Verwendung von Texten eingeschränkt werden. Deshalb ist der Text das entscheidende Element bei der Vermittlung einer Botschaft.

Der elementarste Zusammenhang zwischen sprachlichen Ausdrücken und Bildern wird darin gesehen, dass sie für andere Gegenstände stehen (Zeichen stehen für etwas, Bilder stellen einen Gegenstand dar).[240] Dies nennt man das *Prinzip der Stellvertretung*,[241] was den Ausgangspunkt für verschiedene Ansätze zu einer allgemeinen Zeichen- und Symboltheorie bildet. Sprachliche Ausdrücke und Bilder werden sowohl in Zeichen- als auch in Symboltheorien unter den Begriffen des „Zeichens" bzw. des „Symbols" zusammengefasst. Ein Bild steht in diesem Fall für den Ausdruck eines Gegenstandes oder Sachverhaltes. Sowohl Bilder als auch Textelemente einer Werbeanzeige verbergen elementare Schlüsselinformationen, die für die Produktbeurteilung (Preis, Verpackung, Vorteile des Produktes usw.) besonders wichtig sind.[242] Die Sprache soll in einer Werbeanzeige die Funktion der rationalen Argumentation übernehmen, wohingegen ein Bild beim Rezipienten eine emotionale Bestätigung hinterlassen soll.[243]

239 Baumgart,Die Sprache der Anzeigenwerbung, S. 314.
240 Vgl. Muckenhaupt, Text und Bild, S. 16-22.
241 Vgl. ebd., S. 26.
242 Vgl. Kroeber-Riel/Weinberg, Konsumentenverhalten, S. 284.
243 Vgl. Baszczyk, Werbung. Frau. Erotik, S. 89.

Die Besonderheit von Text-Bild-Kommunikationen wird nicht allein darin erblickt, dass neben sprachlichen Ausdrücken Bilder als Mittel der Kommunikation verwendbar sind. Sie besteht vielmehr daraus, dass sprachliche und bildliche Handlungen miteinander koordiniert werden können. „Die elementare Form der Koordination besteht darin, dass man eine Botschaft mit dem sprachlichen Ausdruck äußert und mit einem Bild anschaulich macht.“[244] Mit einem Text kann man über einen Sachverhalt informieren und mit dem Bild einen Gegenstand darstellen, um den Text zu bestätigen.[245]

Gaede etwa legt den Schwerpunkt seiner Untersuchung „Vom Wort zum Bild“ auf die logisch-inhaltliche Relation zwischen verbalen und visuellen Gestaltungselementen (er bezeichnet diese als visuelle/verbale Teiltexte) und entwickelt daraus zwölf „Kreativ-Methoden der Visualisierung“ einer Botschaft, die im weiteren Verlauf aufgezählt, jedoch nicht unter Beweis gestellt oder einer Überprüfung unterzogen werden sollen.

1. *Visuelle Analogie*: „Eine (verbale) Aussage/Bedeutung wird durch Zeichen visualisiert, die zur (verbalen) Aussage/Bedeutung in einer Ähnlichkeits-Beziehung (= Analogie) stehen. Die Ähnlichkeit gründet sich auf ein gemeinsames (inhaltliches bzw. gestaltliches) Merkmal.“[246]

2. *Visuelle Argumentation:* „Eine verbale Aussage/Behauptung (ihre Richtigkeit) wird mit bestimmten visuellen Zeichen bzw. Zeichen-Anordnungen belegt (nachgewiesen).“[247]

3. *Visuelle Assoziation*: „Eine verbale Aussage/Bedeutung wird durch einen anderen Bedeutungs- bzw. Vorstellungs-Inhalt visualisiert, der (aufgrund eines Bedeutungs-, Erfahrungs-, oder Wissens-Zusammenhangs) mit ihm in einer gedanklichen Verbindung (Assoziation) steht.“[248]

4. *Visuelle Synekdoche*: „Eine verbale Aussage/Bedeutung, die eine inhaltliche Ganzheit darstellt, wird durch einen Teil dieser Ganzheit visualisiert.“[249]

5. *Visuelle Kausal-/Instumental-Relation*: „Eine verbale Aussage/Bedeutung, wird durch ein Zeichen visualisiert, das inhaltlich zur verbalen Aussage in einer Grund-

244 Muckenhaupt, Text und Bild, S. 237.
245 Vgl. ebd., S. 239
246 Gaede, Werner: Vom Wort zum Bild. Kreativ-Methoden der Visualisierung. 2., verbesserte Auflage, München 1992, S. 30.
247 Ebd., S. 32.
248 Ebd., S. 34.
249 Ebd., S. 36.

Folge-Beziehung steht."[250]

6. *Wiederholung – Visuelle Repetition*: „Ein visuelles Zeichen wiederholt die Bedeutung eines verbalen Zeichens bzw. (imitativ) die Form/Gestalt/Struktur eines anderen visuellen Zeichens."[251]

7. *Steigerung – Visuelle Gradation*: „Eine (verbale) Aussage/Bedeutung wird durch bestimmte visuelle Zeichen bzw. Zeichen-Anordnungen in einer Eindringlichkeit, ihrer Ausdruckskraft (Expressivität) verstärkt (versteigert, gradiert)."[252]

8. *Hinzufügung – Visuelle Addition*: „Verbale und visuelle Zeichen werden in bestimmter Weise aneinandergereiht. Erst aus dem Zusammenhang (Addition) beider Zeichen, also durch Hinzufügung des visuellen Zeichens zum verbalen Zeichen, ergibt sich eine Gesamt-Aussage."[253]

9. *Bedeutungs-Bestimmung*: Visuelle Determination: „Die Bedeutung eines verbalen Zeichens wird durch ein visuelles Zeichen inhaltlich näher bestimmt (semantisch determiniert)."[254]

10. *Verkoppelung – Visuelle Konnexion*: „Die visuelle Aussage-Objekt wird gezielt in eine visuelle Verbindung (Konnexion) mit anderen, bewußt ausgewählten visuellen Zeichen gebracht (verkoppelt). Diese visuelle Verkoppelung steuert das visualisierte Aussage-Objekt (Gegenstand/Person) in eine beabsichtige Bedeutungs- bzw. Bewertungs-Dimension (Semantische Positionierung)."[255]

11. *Verfremdung – Visuelle Norm-Abweichung:* „Eine (verbale) Aussage/Bedeutung wird durch Zeichen visualisiert, die eine normalerweise nicht erwartete Bedeutung realisieren bzw. die ein vorgegebenes Zeichen (Original/Realität) überraschend verändern."[256]

12. *Visuelle Symbolisierung*: „Eine (verbale) Aussage/Bedeutung wird durch ein Symbol visualisiert."[257]

Zusammenfassend ist festzuhalten, dass Texte und Bilder aufeinander aufbauen, voneinander abhängen und sich somit gegenseitig erklären können. „Sprache und

250 Ebd., S. 38.
251 Ebd., S. 40.
252 Ebd., S. 42.
253 Ebd., S. 44.
254 Ebd., S. 46.
255 Ebd., S. 48.
256 Ebd., S. 50.
257 Ebd., S. 52-

Bild können sich nicht gegenseitig ersetzen, da sie ganz verschiedene Kommunikationsmöglichkeiten besitzen.“[258]

7.2 Kommunikativer Zusammenhang zwischen Text und Bild am Beispiel der Werbekampagnen Alice und Dove

Durch die Sichtung diverser Werbeanzeigen für die vorliegende Untersuchung war nur eine geringe Anzahl von Sex-sells-Anzeigen zu ermitteln, die aus einer gelungenen Kombination von Bild und Text bestehen. Dennoch fielen durch ihre kreative Art zwei Werbekampagnen auf, die in den letzten Jahren viel Anerkennung erhalten haben: die Kampagnen *Alice* und *Dove*. Die Gemeinsamkeit der Kampagnen besteht in der bildlichen Darstellung (in beiden Fällen wurden als Blickfangobjekte Frauenbilder verwendet). Der Unterschied besteht in der Konzeption und Realisierung von vorgegebenen Leitbildern und den damit verbundenen Botschaften.

Eine Werbekampagne der Werbeagentur d.pole communication GmbH (Hamburg) aus dem Haus HanseNet wirbt für eine günstige DSL-Verbindung *Alice*, indem sie das italienische Modell Vanessa Hessler abbildet (Abb. 14, 15). Die Ausgangssituation für die Planung der Werbekampagne bestand darin, dass die Stellung auf dem DSL-Markt deutlich verbessert werden sollte: 2004 dominierte Telekom mit 48 Prozent des gesamten Marktes eindeutig. Um neue Kunden zu gewinnen und ihre Kaufentscheidung zu lenken, sollten zunächst der Preis und das Angebot des neuen Konkurrenten stimmen. Doch nicht nur das Angebot von Alice, sondern auch die Marke waren neu. Also musste die Kampagne nicht nur qualitativ überzeugen. Sie musste den Konsumenten auch stark emotional ansprechen, um sich langfristig auf dem Markt etablieren zu können. „Die Zielgruppendefinition wurde bewusst breit angelegt, um auch weniger technikaffinen Menschen den

Abb.14: Jetzt kommt Alice in Ihr Leben

258 Schierl, Text und Bild in der Werbung, S. 227.

Zugang zum DSL-Angebot schmackhaft zu machen.[...] Als Zielgruppe wird deshalb der Massenmarkt in der Altersgruppe 18 bis 49 Jahre formuliert."[259]

Die Kampagne konzentrierte sich auf das neue Gesicht (Alice), das eine neue Marke, das Produkt und das jeweils aktuelle Angebot (diverse Anzeigen für verschiedene Produkte und Angebote) präsentierte. Die Anzeigen sind schlicht gestaltet: Ein attraktives Modell posiert vor einem weißen Hintergrund. Alice-Anzeigen sind keine Sex-sells im klassischen Sinne. Doch auch hier begegnet man Bildern mit nackter Haut, einem Hauch von Sexappeal, begleitet von Anspielungen auf Sexualität mit Hilfe von Wortspielen.

Abb.15: Alice, Die schönste Verbindung

Der begleitende Slogan *Alice. Die schönste Verbindung* entspricht der bildlichen Gestaltung nicht nur in Bezug auf das Aussehen von Vanessa Hessler, sondern auch auf die Anspielung vom günstigen Angebot. Außerdem ist Alice „die schönste", weil die anderen DSL-Anbieter mit allen vorstellbaren Motiven werben, jedoch nicht mit einer erotischen Frau. Entsprechend der bildlichen Darstellung sind auch die Texte der Anzeigen klar und leicht verständlich: *Alice. Alles ganz einfach.* Angepasst an die grafische Darstellung sind auch die Produktnamen. Wenn Alice in einem luftigen Sprung über dem Slogan schwebt, wirbt sie für *Alice Light*; wenn sie lächelt – für *Alice Fun.*

Über das Leitbild der Kampagne und das Gesicht (oder doch des Körpers?) der Marke lässt sich spekulieren. Zum einen stellt sich die Frage nach der sprachlichen Analogie zwischen Verbindung und Frau. Diese Substantive gehören dem femininen Geschlecht (Artikel „die") an. Zum anderen spielt hier der psychologische Faktor eine Rolle. Da Männer in der Regel mehr Ahnung von Technik besitzen, soll die schöne Verbindung im Namen von Vanessa Hessler die potenziellen männlichen Kunden ansprechen, obwohl die Zielgruppe breiter

259 Jung, Holger/Vieregge, Henning von (Hrsg.): Alico, Gesamtverband Kommunikationsagenturen GWA e.V., Frankfurt am Main 2006, S. 47.

gefasst worden war. Männer reagieren schneller auf das Bild eines verführerischen Modells. Ob da aber die Frauen nicht eifersüchtig werden? Die Antwort lautet: Nein. Vanessa Hessler ist zwar von Beruf ein Modell, verkörpert jedoch ein Schönheitsideal, das jede moderne Frau gerne anschaut und sogar anzustreben versucht. Sie ist attraktiv, verspielt und trotzdem vertrauenswürdig.

Die Kampagne hatte einen unglaublichen Erfolg: „HanseNet steigerte mit seiner Marke Alice seine Kundenzahl innerhalb von 12 Monaten um 142 Prozent im Privat- und Geschäftskundenbereich. [...] Dank der Kampagne wurde Alice innerhalb nur eines Jahres eingeführt und zu einem nationalen Player unter den DSL-Anbietern aufgebaut.“[260]

Als Innovationsmotor in der Kategorie Sex-sells ist die Marke *Dove* anzusehen, von der in den letzten Jahren mehrere attraktive Werbekampagnen zu sehen waren. Diese stammen von der Agentur Ogilvys & Mather (Düsseldorf).

Dove ist eine Marke für Pflege-Schönheitsprodukte aus dem Haus Unilever. Die Marketingphilosophie von Dove definiert Schönheit in ihren verschiedensten Facetten: unabhängig von den Körpermaßen, der Hautfarbe und dem Alter. Doch bevor die bekannten Kampagnen gestartet wurden, führte das erfolgreiche Unternehmen 2002 einen langen Forschungsprozess durch. Als die Vize-Präsidentin von Unilever, Silvia Lagnado, eine Weltuntersuchung zum Thema „Schönheitsideale“ begann, stellte sie fest, dass die universalen Eigenschaften von Frauen in der Werbung „jung, weiß, blond und dünn“ waren. Dies stellte für die meisten Frauen eine unerreichbare Hürde dar und sorgte bei vielen für ein niedriges Selbstwertgefühl. Bei der Suche nach einem neuen Frauenbild wandten sich die Unilever-Mitarbeiter an Psychiater und Psychotherapeuten, die in zehn Ländern mehr als 3.000 Frauen zum Thema „Selbstwertgefühl“ befragten. Die Ergebnisse waren jedoch nicht gerade erfreulich. Nur zwei Prozent der Befragten konnten sich als schön bezeichnen. Demzufolge wurde sofort der britische Fotograf John Rankin Waddell eingestellt, der wohl dafür bekannt ist, gewöhnliche Leute in ungewöhnlichen Situationen zu fotografieren. [261]

260Ebd., S. 50.
261 Vgl. Deighton, John (Hrsg.): Harvard Business School: Dove: Evolution of a Brand, 25.3.2008, S. 3 (zur Verfügung gestellt von Simone Dömges, Account Managerin von Ogilvy & Mather, Düsseldorf).

Abb.16: Dove, Keine Models aber straffe Kurven

2004 erschien die hautstraffende Pflegeserie für Frauen, die auf Problemzonen wie Bauch, Beine und Po abgestimmt wurde. Unterstützt wurde sie durch die Werbekampagne „Keine Models, aber straffe Kurven“, in der sich sechs normale Frauen fröhlich in der einfachen weißen Unterwäsche posieren. Dove-Marketing-Direktorin Kathy O'Brien äußerte sich gegenüber der Presse, dass die Gesellschaft es schon lange wollte, dass die Anzeigen den Weg „änderten, wie die Gesellschaft die Schönheit ansieht.“[262] Unter der provozierender Schlagzeile: *Wer hat eigentlich gesagt, dass nur Models straffe Kurven haben?* (Abb. 16) sprachen die Frauen „von nebenan“ alle Frauen der Welt persönlich an. Im Fließtext wird es auf ihren Zufriedenheitstest verwiesen, was der Werbeanzeige Transparenz und Seriosität verleiht.

262 Vgl. ebd., S. 4.

Der Begriff Schönheit wird bei Dove nicht elitär, sondern persönlich definiert, und diese Tatsache wird durch unterschiedliche Frauentypen in den Anzeigen bestätigt. Die Kampagnen kamen bei den Rezipientinnen gut an. Es gelang dem Unternehmen ein neues Schönheitsbild zu schaffen und dadurch eine emotionale Verbindung zu den Frauen herzustellen, so dass es in der Folge immer wieder Kampagnen unter dem Motto „Naturschönheiten" präsentierte. So erschien die Pflege-Serie Pro-Age und die entsprechende Kampagne mit älteren Frauen, die nicht gegen ihre Hautalterung kämpften, sondern in ihrem Alter für ihre Haut sorgten (Abb. 17). Die Frauen beantworteten durch ihr natürliches Erscheinungsbild die Fragen *Gibt es eine bessere Zeit, ihre Haut zu verwöhnen?* Oder: *Zu alt um sexy zu sein?* Oder: *Zu alt zum Flirten?* Die Fragen ermöglichten es vielen Frauen, sich neu zu definieren und sich in ihrer Haut wohl zu fühlen, da Schönheit kein Alter kenne: „In einer Welt von Stereotypen zeigt Dove erfrischende Alternativen für Frauen, die erkannt haben, dass Schönheit keine Frage von 90-60-90 ist."[263]

Abb.17, Dove pro-age

Das Ergebnis war für Unilever auch in ökonomischer Hinsicht ein erfreuliches: „Das beschert dem Auftraggeber zweistellige Wachstumsraten und der Kampagne viele Auszeichnungen."[264] Dove-Kreation leitete somit eine neue Ära der Schönheitsideale in der Werbebranche ein und formulierte somit eine neue Version der klassischen Sex-sells-Anzeigen.

In den Werbeanzeigen von Alive und Dove sind sowohl die allgemeinen klassischen Werberegeln als auch die neuen Trends vorhanden. Die Kampagnen werben für unterschiedliche Unternehmen und Produkte (DSL-Anbieter und Pflege), sind für völlig unterschiedliche Zielgruppen konzipiert, benutzen jedoch dafür als Blickfang das Bild einer Frau und platzieren sie in den Sex-

263 http://www.unilever.de/ourbrands/personalcare/dove.asp [15.10.2008].
264 Schalk, Willi/Thoma, Helmut/Strahlendorf, Peter (Hrsg.): Jahrbuch der Werbung 2007, Band 44, Berlin 2007, S. 107.

sells-Kontext. Die Themen Sex und Erotik werden hier nicht offen ausdiskutiert und nicht ausgespottet. Die Schlagzeilen, Slogans, Fließtexte und Produktnamen spiegeln sich in einem gelungenen Zusammenspiel wieder: Die Texte vermitteln die Botschaft, die Bilder – die emotionale Wirkung. Der Erfolg der vorgestellten Sex-sells-Kampagnen bestätigt sich durch die zahlreichen Auszeichnungen und die Anerkennung der breiten Massen, was für der Tatsache entspricht, dass die Werbung und, insbesondere Sex-sells, ein Aufmerksamkeitsgrad bei den Rezipienten erreichen können und nicht dogmatisch angesehen werden. Außerdem können sich die Empfänger mit den Werbebotschaften und Bildern identifizieren. Dies gelang den Werbeunternehmen mit Hilfe von Kreation neuer Ansprachen und Leitbildern.

Fazit

In der vorliegenden Arbeit konnte festgestellt werden, dass diverse Zusammenhänge zwischen Gesellschaft und Sprache, Sprache und Werbung sowie Werbung und Gesellschaft bestehen. Darüber hinaus war es das Ziel dieser Arbeit herauszufinden, in welchen konkreten Zusammenhängen Gesellschaft und Sprache miteinander stehen und welchen gesellschaftlichen Einflüssen Sprache und somit auch die Werbung unterliegen. U.a. sollte durch theoretische Ansätze und deren Überprüfung an den praktischen Umsetzungen in der Werbung bewiesen werden, wie gesellschaftliche Tabuthemen wie Sex und Erotik durch Werbung vermittelt werden können, und wie es den Werbetreibenden gelingt, mit einem Thema wie Sex Waren zu verkaufen.

Gesellschaft und Sprache befinden sich in einem permanenten Beeinflussungsprozess und bedingen somit einen ständigen Werte- und Sprachwandel. Dabei blieb leider die Frage offen, ob die Gesellschaft dem Sprachwandel oder die Sprache dem Wertewandel der Gesellschaft folgt. Da die Gesellschaft ihre Trends aus den Medien schöpft, aber auch gleichzeitig die Gesellschaft die Trends mitentwickelt, unterliegt Werbung als bedeutendes Segment der Medienlandschaft ebenfalls diesen Gesetzmäßigkeiten. Als integraler Bestandteil und Auslöser präsentiert sie die vorgegebenen und neugeschaffenen Trends und kann somit als Teil eines Kommunikationsprozesses bezeichnet werden. Durch die steigende Informationsüberlastung und den wachsenden Konkurrenzkampf ist die Werbebranche bemüht, neue strategische Wege einzuschlagen, um die Werbebotschaften möglichst reizvoll zu verpacken. Hier wurde es festgestellt, dass manche Strategien besonders erfolgreich zur Aktivierung von Aufmerksamkeit bei den Rezipienten eignen. Zu diesen gehört in einem besonderen Ausmaß Sex-sells-Strategie, die emotional aufgeladen an unseren inneren Erfahrungsmustern appelliert. Dabei kam heraus, dass nicht nur Aktualität der Werbeanzeigen eine bedeutende Rolle spielt, sondern auch ihre Präsentation durch Texte und Bilder. Obwohl der aktuelle Trend der Werbebranche eher zur visuellen Gestaltung neigt, ist es für die Wahrnehmung der Anzeigen von Bedeutung, ein gelungenes Zusammenspiel zwischen Texten und Bilder zu erzielen. Diese ergänzen sich gegenseitig, so dass sich der Rezipient besser an die gesamte Botschaft erinnern

kann. Dabei soll bei der Planung der Werbekampagnen die Definition der Zielgruppen beachtet werden, denn nur die richtige Ansprache und Präsentation identifizierbarer Bilder können den richtigen Konsumenten erreichen.
Der zentrale Untersuchungsaspekt dieser Arbeit wurde gezielt auf die Themen Sex und Erotik gelegt, da diese Motive ein Teil unserer Gesellschaft darstellen und mit mehreren Bereichen unseres Alltags, insbesondere mit Medien konfrontieren. Trotz des gesellschaftlichen Tabu-Charakters wurde Sex-sells in der Werbung als erfolgreiches Motiv bewährt und ist aus der Diskussion nicht mehr wegzudenken, obwohl die Sprachwissenschaftler es weiterhin zu vermeiden versuchen. Dennoch wird der Begriff Tabu in der Gesellschaft differenziert betrachtet. Dies hängt von dem jeweiligen sozialen Verstand und Verhalten jedes einzelnen Individuums. In unserer Sprache gibt es jedoch einen Bereich von Lexika, mit dem sexuelle Inhalte ausgedrückt werden können, sodass dabei eine Schamgrenze nicht überschritten wird. „Mit sexuellen Vokabeln wird medizinisch diagnostiziert, Recht gesprochen und geflucht. Wer wirklich vom Lieben sprechen will, muß sich eine eigene Sprache erfinden. Insofern steckt in aller erotischen Literatur auch der Versuch, Worte zu erretten, durch die die Erfahrung des Liebesakts überhaupt aussprechbar wird. Das ist das eine. Zugleich sucht die erotische Rede meist nicht allein der Erregung der Sprache, sondern auch, der Sprache eine Hülle von Erregung zu geben. Sie kultiviert das Vorspiel der Worte, die rhetorische Initiation, sie umschwärmt den Höhepunkt mit Satzbrüchen und Interjektionen und verewigt Lustgefühle noch, wenn sie vorbei sind.“[265] Die Themen Sex, Sexualität und Erotik können also durchaus sprachbezogen untersucht werden. Sex in der Werbung ist ein oft anzutreffendes Element, jedoch wird in der Werbung analog zu den gesellschaftlichen Trends nicht direkt über das Thema gesprochen, sondern es werden andeutende Verhaltensmuster dargestellt und das Thema mit Hilfe von Wortspielen behandelt, die zwar in den Sex-sells nur mäßig vorhanden, jedoch auffindbar sind. Die Sprache bietet dazu ein reichhaltiges Repertoire an Gestaltungsmuster und Varianten zur Gestaltung der Werbebotschaften und u.a. das „Umhüllen“ eines tabuisierten Themas wie Sex. Ferner wurden die Regeln der klassischen Werbung mit Sex-sells verglichen.
Anhand der untersuchten Werbekampagnen von Gib AIDS keine Chance, Diesel,

265 Willemsen, Roger (Hrsg.): Das Tier mit den zwei Rücken – Ein erotisches Lesebuch, Köln 1990, S. 9. Nach: Hoberg, Rudolf (Hrsg.): Sprache – Erotik – Sexualität, Berlin 2001, S. 109.

Alice und Dove war zu erkennen, dass Sex und Erotik als gesellschaftliches Tabu in Kombination mit Politik, Humor, Lifestyle oder sogar Propaganda sowohl durch Texte als auch durch Bilder aufgelockert und in diesen Fällen als selbstverständliche Bestandteile der Werbung und der Gesellschaft betrachtet werden können. Außerdem verfolgt Sex-sells die für die gesamte Werbebranche üblichen Regeln, bricht diese und gestaltet sie neu. So sind z.B. in den Sex-sells-Anzeigen nicht alle Gestaltungselemente vorhanden. Oft fehlt es an Schlagzeilen oder Fließtexten. Der aktuelle Trend zur Visualisierung der Werbebotschaften wird hier aber beachtet und geschickt umgesetzt. Dies hängt aber noch damit zusammen, dass das Thema Sex an sich nicht viel Diskussion benötigt, und es wird in der Gesellschaft nur mit Vorsicht darüber gesprochen. Sowohl Werbung im Allgemeinen als auch Sex-sells als ein Teil der gesamten Werbebranche reagieren auf jede Gesellschaftsänderung, so dass neue Trends, Vorbilder und Diskussionen entstehen.
Vermutlich wird Werbung in der Zukunft viel differenzierter sein. Dies bestätigen die befragten Werbeexperten und eine der erfolgreichsten Sex-sells-Kampagnen Diesel und Dove, die aktuelle Themen und neue individuelle Leitbilder und Ansprachen darstellen. In der Zukunft kann sich die Werbebranche nicht auf einen Schlag verändern, d.h. es wird immer noch auch die klassischen Frauen- und Männerbilder geben. Gesellschaftliche Muster werden zwar benutzt, umformuliert oder neu interpretiert, im Grunde genommen bleiben aber gewisse Regeln für immer bestehen. Somit bleibt ebenso der starke Zusammenhang zwischen Gesellschaft, Sprache und Werbung bewahrt und die einzelnen Strategien (wie etwa Sex-sells) sind gezwungen diesen Umständen zu unterliegen.

Abbildungsverzeichnis

- Abb. 1: Armani Code, InStyle, 01/2008
- Abb. 2: Augenwelt 24. Süddeutsche Online, Beitrag zum Thema „Nutzlose Werbung?“ www.sueddeutsche.de/panorama/bildstrecke/992/67925/p0/ [1.9.2008]
- Abb. 3: Palmers, Strumpfhosenkollektion, 2006 www.epamedia.at/websites/web_9_5/pics/02_palmers.jpg [6.10.2008]
- Abb. 4: Collage Sex-sells, eine selbständige Zusammenstellung und Bearbeitung von Anzeigen mit sexuellen Inhalten, Oktober 2008
-Abb. 5: Die Wiederentdeckung Sigmund Freuds. Titelseite, Der Spiegel, Nr. 18, 29.4.2006
- Abb. 6: Astra-Bier-Anzeige „Irgendwo muss der Text ja stehen“, 2004 www.a-stra-bier.de/wasdagegen/werbung/index.html [15.7.2008]
- Abb. 7: Gib AIDS keine Chance, Playboy, 12/2007
- Abb. 8: Collage Frauenbilder in der Werbung, eine selbständige Zusammenstellung und Bearbeitung von Anzeigen mit sexuellen Inhalten
- Abb. 9: Collage Männerbilder in der Werbung, eine selbständige Zusammenstellung und Bearbeitung von Anzeigen mit sexuellen Inhalten
- Abb. 10: United Colors of Benetton, Die Nonne und der Priester, 1991 http://press.benettongroup.com/ben_en/image_gallery/campaigns/ [1.7.2008]
- Abb. 11: United Colors of Benetton, HIV positive, 1993 http://press.benetton-group.com/ben_en/image_gallery/campaigns/ [1.7.2008]
- Abb. 12, 13: Diesel, Bereit für globale Erwärmung, 2007 http://theinspirationroom.com/daily/2007/diesel-global-warming-ready/ [15.10.2008]
- Abb. 14: Alice. Jetzt kommt Alice in ihr Leben, www.golem.de [15.10.2008]
- Abb. 15: Alice. Die schönste Verbindung, www.pcsedv.de [15.10.2008]
- Abb. 16: Dove, Keine Models, aber straffe Kurven, InStyle, 10/2006
- Abb. 17: Dove, Pro-Age, Brigitte Nr. 3, 16.1.2008

Literaturverzeichnis

- Alexander, M. Wayne/Judd, Ben: Steigert nackte Haut den Werbeeffekt? In: Werbung. Schweizerische Zeitschrift für Marketing und Kommunikation, Nr. 7/8, 1978, S. 8-11.
- Arens, Daniela: Funktion und Gestalt von Werbung, phil. Diss. Rheinisch-Westfälische Technische Hochschule Aachen, Books on Demand, Norderstedt 2001.
- Barowski, Mike: Das professionelle 1x1 Textgestaltung, 2. Auflage, Cornelsen, Berlin 2003.
- Baszczyk, Evelin: Werbung. Frau. Erotik, Tectum, Marburg 2003.
- Baumgart, Manuela: Die Sprache der Anzeigenwerbung. Eine linguistische Analyse der Anzeigenwerbung, Physica, Heidelberg 1992.
- Behrens, Gerold: Werbung. Entscheidung – Erklärung – Gestaltung, Franz Vahlen, München 1996.
- Behrens, Gerold/.; Hinrichs, A.: Werben mit Bildern. Zum Stand der Bildwahrnehmungsforschung. In: Werbeforschung & Praxis, Nr. 3, 1986, S. 85-88.
- Brosius, Hans-Bernd/Fahr, Andreas: Werbewirkung im Fernsehen, Reinhard Fischer, München 1996.
- Cölfen, Hermann: Werbeweltbilder im Wandel. Eine linguistische Untersuchung deutscher Werbeanzeigen im Zeitvergleich (1960-1990), Peter Lang, Frankfurt am Main 1999.
- Deighton, John (Hrsg.): Harvard Business School: Dove: Evolution of a Brand, 25.3.2008 (zur Verfügung gestellt von Simone Dömges, Account Managerin von Ogilvy & Mather, Düsseldorf).
- Eigler, Frank: Sex allein verkauft kein Bier. In: Horizont, Nr. 2, 2000, S. 77 f.
- Fährmann, Rosemarie: Die historische Entwicklung der Werbesprache. Eine empirische Untersuchung von Text- und Bildwerbung im Zeitraum vom Ende des 19. Jahrhunderts bis zum Ende des 20. Jahrhunderts, Peter Lang, Frankfurt am Main 2006.
- Foerster, Edgar J.: Männlichkeit und Macht in der Werbung. In: Medienimpulse 12/1995, S. 18-24.
- Franke, Michael: Erotik in der Werbung. Grundlagen und Praxis, VDM Dr. Müller, Saarbrücken 2006.

- Gaede, Werner: Vom Wort zum Bild. Kreativ-Methoden der Visualisierung. 2., verbesserte Auflage, Wirtschaftsverlag Langen-Müller/Herbig, München 1992.
- Glück, Helmut/Sauer, Wolfgang: Gegenwartsdeutsch, J. B. Metzler, Stuttgart 1990.
- Hars, Wolfgang: Nichts ist unmöglich. Lexikon der Werbesprüche. 500 bekannte deutsche Werbeslogans und ihre Geschichte, Piper, München 2001.
- Hastenteufel, Regina: Das Bild von Mann und Frau in der Werbung. Eine Inhaltsanalyse zur Geschlechtsspezifität der Menschendarstellung in der Anzeigenwerbung ausgewählter Zeitschriften unter besonderer Berücksichtigung des alten Menschen, phil. Diss. Rheinische Friedrich-Wilhelms-Universität Bonn 1980.
- Hauswaldt-Windmüller, Brigitte: Sprachliches Handeln in der Konsumwerbung, Beltz, Weinheim/Basel 1977.
- Heiz, André: Wie argumentiert Werbung, Ölschläger, München 1978.
- Hoberg, Rudolf (Hrsg.): Sprache – Erotik – Sexualität, Erich Schmidt, Berlin 2001.
- Jäckel, Michael/Reinhardt, Jan D.: Aufmerksamkeitsspiele: Anmerkungen zu provokanter Werbung. In: Willems, Herbert (Hrsg.): Die Gesellschaft der Werbung. Kontexte und Texte. Produktionen und Rezensionen. Entwicklungen und Perspektiven, Westdeutscher Verlag, Wiesbaden 2002.
- Janich, Nina: Werbesprache. Ein Arbeitsbuch, 2., vollständig überarbeitete und erweiterte Auflage, Narr, Tübingen 2001.
- Jung, Holger/Vieregge, Henning von (Hrsg.): Alico. Gesamtverband Kommunikationsagenturen GWA e.V., Frankfurt am Main 2006.
- Kaznina, Elena: „Werbung ist ein lächelndes Aas“. Analyse der Werbeanzeige United Colors of Benetton „Sterbender Aids-Kranker“, Seminararbeit Heinrich-Heine-Universität Düsseldorf, Grin-Verlag, www.hausarbeiten.de, 2004.
- Kluge, Friedrich: Etymologisches Wörterbuch der deutschen Sprache, 24. Auflage, De Gruyter, Berlin 2002.
- Kluge, Norbert: Sexualsprache der Deutschen. Eine Erkundungsstudie über den aktuellen sexuellen Sprachegebrauch in West- und Ostdeutschland, Knecht, Landau 1997.

- Köhnlein, Stephan: Linguistische Ansätze zur Beschreibung und Erklärung des Phänomens „Sexuelles Sprachtabu“. In: Hoberg, Rudolf (Hrsg.): Sprache – Erotik – Sexualität, Erich Schmidt, Berlin 2001.
- Krieg, Ulrike: Wortbildungsstrategien in der Werbung. Zur Funktion und Struktur von Wortneubildungen in Printanzeigen, Helmut Buske, Hamburg 2005.
- Kroeber-Riel, Werner: Wirkung und Kontrolle der emotionalen Werbesprache. 2.Teil. In: Marketing Journal, Nr. 6, 1973, S. 520-528.
- Kroeber-Riel, Werner: Strategie und Technik der Werbung. Verhaltenswissenschaftliche Ansätze. 4. Auflage, W.Kohlhammer, Stuttgart, 1993.
- Kroeber-Riel, Werner/Esch, Franz-Rudolf: Strategie und Technik der Werbung. Verhaltenswissenschaftliche Ansätze, 6. Auflage, W. Kohlhammer, Stuttgart 2004.
- Kroeber-Riel, Werner/Weinberg, Peter: Konsumentenverhalten, 8., aktualisierte und ergänzte Auflage, Franz Vahlen, München 2003.
- Lippert, Werner/Wenzel, Petra (Hrsg.): Radical Advertising. NRW-Forum Kultur und Wirtschaft, Düsseldorf 2008.
- Marschik, Matthias/Dorer, Johanna: Sexismus (in) der Werbung: Geschlecht, Reklame und Konsum. In: Medienimpulse 12/2002.
- Mayer, Hans: Werbewirkung und Kaufverhalten unter ökonomischen und psychologischen Aspekten, Metzlerische Verlagsbuchhandlung, Stuttgart 1990.
- Michligk, Paul: Geheimnisse der Werbesprache, W. Girardet, Essen 1967.
- Monzel, Monika: 99 Tipps für erfolgreiche Werbung, Cornelsen, Berlin 2006.
- Moser, Klaus: Werbepsychologie: eine Einführung, Union, München 1990.
- Moser, Klaus: Sex-Appeal in der Werbung, Verlag für angewandte Psychologie, Göttingen 1997.
- Muckenhaupt, Manfred: Text und Bild. Grundlagen der Beschreibung von Text-Bild-Kommunikationen aus sprachwissenschaftlicher Sicht, Gunter Narr, Tübingen 1986.
- Nickel, Volker: Nackte Tatsachen. Das Frauenbild in der Werbung, ZAW, Bonn 1993.
- Nimmergut, Jörg: Werben mit Sex, Wilhelm Heyne, München 1982.
- Nusser, Peter (Hrsg.): Anzeigenwerbung. Ein Reader für Studenten und Lehrer der deutschen Sprache und Literatur, Wilhelm Fink, München 1975.

- Packard, Vance: Die geheimen Verführer. Der Griff nach dem Unbewussten in jedermann, Ullstein, Frankfurt am Main/Berlin/Wien 1957.
- Pagnucco Salvemini, Lorella: Toscani. Die Werbekampagnen für Benetton 1984-2000, Knesebeck, München 2002.
- Pietzcker, Dominik: Werbung texten. Von Idee und Konzept zur medienwirksamen Botschaft. Pocket Business, Cornelsen, Berlin 2005.
- Rentel, Nadine: Bild und Sprache in der Werbung. Die formale und inhaltliche Konnexion von verbalem und visuellem Teiltext in der französischen Anzeigenwerbung der Gegenwart, Peter Lang, Frankfurt am Main 2005.
- Römer, Ruth: Die Sprache der Anzeigenwerbung, 6. Auflage, Schwann, Düsseldorf 1968.
- Schalk, Willi/Thoma, Helmut/Strahlendorf, Peter (Hrsg.): Jahrbuch der Werbung 2007, Band 44, Econ, Berlin 2007.
- Schierl, Thomas: Text und Bild in der Werbung. Bedingungen, Wirkungen und Anwendungen bei Anzeigen und Plakaten, Herbert von Halem, Köln 2002.
- Schimpf, Silke: Sprache im Bereich Sexualität. In: Hoberg, Rudolf (Hrsg.): Sprache – Erotik – Sexualität, Erich Schmidt, Berlin 2001.
- Schmerl, Christiane: Frauenfeindliche Werbung. Sexismus als heimlicher Lehrplan, Elefanten Press, Berlin 1980.
- Schulz von Thun, Friedmann: Miteinander reden. Störungen und Klärungen. Allgemeine Psychologie der Kommunikation. Band 1, Rowohlt, Hamburg 2007.
- Schweiger, Günter/Schrattenecker, Gertraud: Werbung. Eine Einführung, Lucius & Lucius, Stuttgart 2005.
- Veith, Werner H.: Soziolinguistik. Ein Arbeitsbuch, 2. Auflage, Narr, Tübingen 2005.
- Weber, Ursula: Sprache und Gesellschaft. Zusammenfassung einer Vorlesung. http://www.prof-uweber.de/8_sprache_und_gesellschaft.pdf.
- Wehner, Christa: Überzeugungsstrategien in der Werbung. Eine Längsschnittanalyse von Zeitschriftenanzeigen des 20. Jahrhunderts, Westdeutscher Verlag, Opladen 1996.
- Willems, Herbert (Hrsg.): Die Gesellschaft der Werbung. Kontexte und Texte. Produktionen und Rezeptionen. Entwicklungen und Perspektiven, Westdeutscher Verlag, Wiesbaden 2002.

- Zielke, Achim: Beispiellos ist beispielhaft oder: Überlegungen zur Analyse und zur Kreation des kommunikativen Codes von Werbebotschaften in Zeitungs- und Zeitschriftenanzeigen, Centaurus, Herbolzheim 1991.